自然と共生する社会形成のための

生態系に学ぶ！

湖沼の浄化対策と技術

下平 利和／著

ほおずき書籍

はじめに

　生物は水なしでは生きていけない。水は、人の暮らしと命の源であり、飲料や洗濯、入浴など人間の日々の生活に不可欠なものであるだけでなく、食糧生産、工業生産、水力発電などの経済活動、さらには自然環境の保全にも欠かせないものである。しかし、途上国を中心とした人口増加に伴う水需要の高まりにより、各地で水不足や水質汚濁が深刻化しており、世界でおよそ8億人が安全な水を利用できず、また、トイレで水を利用できない人々が未だ世界で26億人を数え、野外排泄による水資源の汚染や健康への悪影響が懸念されている（第6回世界水フォーラム）。

　我が国では、国土の多くが森林で覆われていること等により水循環の恩恵を大いに享受し、長い歴史を経て、豊かな社会と独自の文化を作り上げることができた。しかし近年、都市部への人口の集中、産業構造の変化、地球温暖化に伴う気候変動等のさまざまな要因が水循環に変化を生じさせ、それに伴い、渇水、洪水、水質汚濁、生態系への影響等さまざまな問題が顕著となっている（「水循環基本法について」内閣官房水循環政策本部事務局）。特に、水が循環する過程（降雨→森林・土壌→表流水・伏流水→河川・湖沼→海域→蒸発）の中で、湖沼などの閉鎖性水域における水質汚濁や生態系への影響は他の水域に比べて大変深刻であり、全般的には改善が進んでいない。

　高分子膜ろ過（分離）やイオン交換などのハイテク技術を使えばほとんどの水は処理することが可能であるが、汚濁原因物質が広く拡散してしまった水に対しては有効な手段がないのが現状である。今、ここで（湖沼で）対処しなければ、汚濁原因物質は河川から海域を通して地球全体に拡散してしまう。早急に有効な水質保全対策（特定汚染源対策、非特定汚染源対策、直接浄化対策）を講じる必要がある。

　私は、1978年環境計量士取得（登録）以来今日まで、環境分析・測定・調査・

評価・対策、及び水処理、廃棄物処理などの業務を通じて、環境問題に係る多くの現場を回ってきた。現場の声に真摯に耳を傾け、現場でお困りになっていることに対しては、できるだけお応えしようと努めてきたつもりである。従来の技術では先方のご期待にお応えできない難問については、自身に与えられた課題として、解決に向け研究開発に取り組んできた。

〈私が取り組んできた水処理に関連した主な研究開発技術〉

▶ 山小屋など寒冷地適用し尿処理技術「二階式硝化・脱窒槽」の開発（特開平11-253994）

▶ 低コスト・高効率の水処理技術「活性汚泥濃度調整型ばっ気・沈殿槽」の開発（特開平11-300381）

▶ 刈り取った水草や浚渫汚泥（腐敗性汚泥）などバイオマス系廃棄物の堆肥化・固体燃料化・減量化・バイオガス化技術「循環空気調和型堆肥化（発酵）施設」の開発（特開2000-044372）（付録資料１参照）

▶ 低コスト・高効率の水処理技術「高度処理対応型凝集沈殿・急速ろ過装置」の開発（特開2001-224907）

▶ 発生汚泥の削減など環境保全型、低コスト・高効率の水処理技術「凝集剤を使わない微生物膜フロック利用凝集沈殿装置」の開発（特開2007－307534）

▶ 発生汚泥の削減、省エネルギーなど環境保全型、低コスト・高効率の水処理技術「バイオ方式（無薬注・無曝気）水処理システム」の開発（特開2008-272721）（付録資料２参照）

▶ 水草の異常繁茂・貧酸素化対策技術「湖沼など閉鎖性水域における水深調整法による水環境の改善方法」の開発（特願2014-213147）（付録資料３参照）

など

私が体験した多くの現場で要求された水処理技術は「低コスト・省エネ・高効率」である。コストのことを考慮しなければ、最先端のハイテク技術を駆使して多くの現場の"水"問題は解決し、私に難問がつきつけられることはなく、研究開発することもなかったと思われる。現場の"水"問題解決のために研究開発する中で、「低コスト・省エネ・高効率」の水処理技術を探求すればするほど、自然の叡智、生態系に学ぶことが多く、結果として、私の水処理技術は生態系の機

能（自然の浄化・再生機能）を活用したものが多い。この生態系の機能（自然の浄化・再生機能）を活用した水処理技術は、今までローテク技術と思われていたが、最近になって注目され出している。特に、汚濁原因物質が広く拡散してしまった、湖沼などの水質浄化（改善）対策への有効活用に期待が高まっている。

☆   ☆   ☆   ☆   ☆   ☆

このような背景をもとに、2013年初めより本書『生態系に学ぶ！湖沼の浄化対策と技術』の執筆活動を進めてきた。執筆の動機は、「現在、水循環の過程の中で最も困難に直面しているのが閉鎖性水域（湖沼、内湾、内海など）の浄化対策である」、「今、ここで（湖沼で）対処しなければ、汚濁原因物質は地球全体に拡散してしまう」、「今までに培った水処理の経験と技術を活かして、少しでもお役に立ちたい」との思いからである。

本書は3章から構成されている。

1章　環境問題解決のカギ〔生態系〕を学ぶ！

環境問題とはなにか（生態系の不健全化）、生態系とはなにか（食物連鎖、物質循環、機能・恵み、人類生存の基盤）、湖沼生態系の水質浄化機能、湖沼の汚濁は生態系の乱れ、それではどうしたらよいのか、湖沼生態系の保全対策などを学ぶ。

2章　生態系に学ぶ！湖沼の浄化対策と技術

湖沼の水質汚濁の現状、及び原因と課題、課題を解決するための水質保全対策（特定汚染源対策、非特定汚染源対策、直接浄化対策）、及び湖沼の浄化対策と技術（方法と特徴）を取り上げ、現状における課題を解決するためには、自然の浄化・再生機能など生態系の機能を活用した水環境改善技術が重要であることを学ぶ。

3章　さまざまな湖沼浄化対策と技術

—生態系の機能を活用した水環境改善技術—

生態系の機能を活用した、最新の水環境改善技術を主体的にあげて紹介している。また、生態系に学び、それを基調にした水環境改善技術の事例として、私が考案した技術3つ（出願特許）を紹介している。

☆　　　　☆　　　　☆　　　　☆　　　　☆　　　　☆

　本書が、現在直面する閉鎖性水域（湖沼、内湾、内海など）における環境問題
を解決し、健全で恵み豊かな水環境の実現のための一助になれば幸いである。
　　　―地球生態系との融和（自然との共生）を目指して―

　　　　　　　　　　　　　　　　　　　2015年12月　下平　利和

生態系に学ぶ！湖沼の浄化対策と技術 ●目　次●

はじめに

1章　環境問題解決のカギ〔生態系〕を学ぶ！ ‥‥‥‥‥‥ 1

1.1　生態系とは ‥‥‥‥‥‥‥‥‥‥‥‥‥‥‥‥‥‥‥‥ 3

1　生態系ってなに？…生態系とは ‥‥‥‥‥‥‥‥‥‥‥‥ 3

2　生態系は、物質循環によって成り立つ（自然のリサイクル）● ‥‥ 5

3　さまざまな生態系が集まって、地球生態系を形成 ‥‥‥‥‥ 7

4　地球生態系は人類生存の基盤 ‥‥‥‥‥‥‥‥‥‥‥‥‥ 11

5　生態系の機能…生態系からの恵み ‥‥‥‥‥‥‥‥‥‥‥ 12

6　環境問題は、生態系の乱れ…不健全化 ‥‥‥‥‥‥‥‥‥ 14

7　それでは、どうしたらよいのか？
　　―環境問題解決のための「生態系の保全対策」― ‥‥‥‥ 16

参考文献 ‥‥‥‥‥‥‥‥‥‥‥‥‥‥‥‥‥‥‥‥‥‥ 19

1.2　湖沼生態系 ‥‥‥‥‥‥‥‥‥‥‥‥‥‥‥‥‥‥‥ 20

1　湖沼にすむ生物 ‥‥‥‥‥‥‥‥‥‥‥‥‥‥‥‥‥‥‥ 20

2　湖沼生態系の食物連鎖 ‥‥‥‥‥‥‥‥‥‥‥‥‥‥‥‥ 29

3　湖沼生態系の物質循環 ‥‥‥‥‥‥‥‥‥‥‥‥‥‥‥‥ 31

4　湖沼生態系の水質浄化機能 ‥‥‥‥‥‥‥‥‥‥‥‥‥‥ 32

5　湖沼の汚濁は、生態系の乱れ…不健全化 ‥‥‥‥‥‥‥‥ 39

6　それでは、どうしたらよいのか？
　　―水環境改善のための「湖沼生態系の保全対策」― ‥‥‥‥ 41

参考文献 ‥‥‥‥‥‥‥‥‥‥‥‥‥‥‥‥‥‥‥‥‥‥ 44

2章　生態系に学ぶ！湖沼の浄化対策と技術 ………… **47**

- ① 湖沼の水質汚濁の現状、及び原因と課題 ………… 48
- ② 湖沼の水質保全対策
  —特定汚染源対策、非特定汚染源対策、直接浄化対策— ………… 56
- ③ 生態系に学ぶ！湖沼の浄化対策と技術 ………… 59

　　参考文献 ………… 62

3章　さまざまな湖沼浄化対策と技術
　　　—生態系の機能を活用した水環境改善技術— ………… **65**

3.1　水質浄化（改善）
　　　—水質の富栄養化、貧酸素化などの改善技術— ………… 66

- ① 植生を活用する方法（植生浄化法）………… 67
- ② 土壌に浸透させる方法（土壌浄化法と植生浄化法）………… 71
- ③ 湖沼内の水草を刈り取る方法 ………… 73
- ④ 二枚貝等の浄化機能を活用する方法 ………… 76
- ⑤ 接触酸化法 ………… 79
- ⑥ 人工内湖（沈殿ピット）による水環境改善方法 ………… 82
- ⑦ 活性汚泥投入・凝集沈殿法（沈殿ピットと組み合わせた方法）………… 85
- ⑧ 水位調整による水環境改善方法 ………… 90
- ⑨ 曝気による水環境改善方法 ………… 95

3.2　底質浄化（改善）
　　　—底質からの汚濁負荷低減などの改善技術— ………… 97

- ① 浚渫による水環境改善方法 ………… 98
- ② 覆砂による水環境改善方法 ………… 101

3.3　湖沼浄化対策を実施するにあたっての留意点
　　　—原点(生態系)に戻って考え、それを基調に健全な水環境を実現— …… 105

- ① 目的・目標、水環境改善方法などの設定（事前調査）………… 106
- ② 適切な維持管理の徹底 ………… 107
- ③ 事後調査とその結果に応じた対策 ………… 111

　　参考文献 ………… 112

● 環境ミニセミナー ●

生態系ピラミッドについて ‥‥‥‥‥‥‥‥‥‥‥‥‥ 10

富栄養化のメカニズム ‥‥‥‥‥‥‥‥‥‥‥‥‥‥ 27

水質汚濁の指標　BOD と COD ‥‥‥‥‥‥‥‥‥‥ 37

ビオトープによる修復・復元 ‥‥‥‥‥‥‥‥‥‥‥ 45

湖沼における水質環境基準 ‥‥‥‥‥‥‥‥‥‥‥‥ 52

貧酸素水塊の原因　水温・塩分躍層の形成 ‥‥‥‥‥ 54

バイオマニピュレーションとは ‥‥‥‥‥‥‥‥‥‥ 63

刈り取った水生植物などバイオマスは資源化しよう！ ‥‥ 69

水質浄化の主役　活性汚泥 ‥‥‥‥‥‥‥‥‥‥‥‥ 88

干し上げによる水質改善 ‥‥‥‥‥‥‥‥‥‥‥‥‥ 94

水草の異常繁茂対策は生態を知ることから ‥‥‥‥‥ 103

付録資料（出願特許） ‥‥‥‥‥‥‥‥‥‥‥‥‥‥‥ **113**

1 循環空気調和型堆肥化（発酵）施設 ‥‥‥‥‥‥‥ 113

2 バイオ方式（無薬注・無曝気）水処理システム ‥‥‥ 118

3 湖沼など閉鎖性水域における水深調整法による水環境の改善方法 ‥ 126

あとがき

1章

環境問題解決のカギ〔生態系〕を学ぶ！

　地球が誕生してからおよそ46億年。最初の生命体である微生物が誕生して35〜40億年。それ以来、数多くの生命体によって現在の生態系が形成されてきた。そして、この生態系のはたらき（浄化・再生機能）によって、地球上のきれいな空気と、おいしい水と、ごみのない美しい地球環境がつくり出され維持されてきた。

　しかし、近年の世界的な経済成長と人口増加を背景とした活発な経済・社会活動によって、さまざまな汚染物質などが大量に排出され、この生態系のはたらき（浄化・再生機能）が対応できず、地球温暖化や環境汚染が進み、健康障害や生物種の絶滅、異常気象や水・食糧の不足、森林破壊や砂漠化など、人の健康や環境に悪影響を与えている。更に、環境への悪影響は、生態系がなお一層破壊される悪循環によって加速化することが考えられる。地球環境問題は大変深刻であり、今後20〜30年の人間の行動如何に人類存亡が懸かっていると言っても過言ではない。持続的発展が可能な未来を実現するため、今こそ、原点・人類生存の基盤である生態系に戻って地球環境問題を考え、生態系の保全対策を強く推進することが重要である。

　本章の「1.1　生態系とは」では、１生態系とはなにか、２生態系は物質循環（自然のリサイクル）で成り立つ、３さまざまな生態系が集まって地球生態系を形成、４地球生態系は人類生存の基盤、５生態系の機能(恵み)、６環境問題は

生態系の乱れ（不健全化）、⑦環境問題解決のための「生態系の保全対策」を取り上げ、自然の叡智・生態系のすばらしさと、環境問題解決のためには健全な生態系を確保することが重要であることを学ぶ。

　さらに「1．2　湖沼生態系」では、①湖沼にすむ生物、②湖沼生態系の食物連鎖、③湖沼生態系の物質循環、④湖沼生態系の水質浄化機能、⑤湖沼の汚濁は、生態系の乱れ…不健全化、⑥水環境改善のための「湖沼生態系の保全対策」を取り上げ、湖沼の環境問題を解決するためには、健全な湖沼生態系を確保することが重要であることを学ぶ。

1.1 生態系とは

1 生態系ってなに？…生態系とは

生態系とは

　生物は、単独では生活できず、同じ仲間どうしで、また別の仲間との間でもお互いに関わりあいながら生きている。生物たちは、太陽エネルギーや雨、気温、風などの環境の影響を受けるとともに、環境に影響を及ぼしている。

　森林、草原、川、湖、海など、ある一定の区域に存在する生物とそれを取り巻く環境全体（大気、水、土壌、太陽エネルギーなど）をまとめ、ある程度閉じた

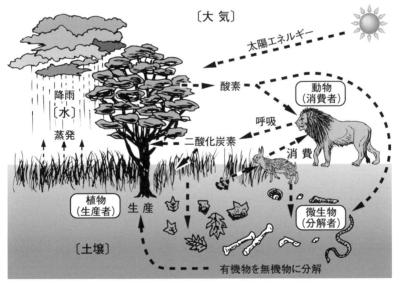

図1　生態系の概念図　（参考文献7）8）をもとに作成）

1章　環境問題解決のカギ〔生態系〕を学ぶ！　3

系とみなし、これを生態系という（図1）。

図1（生態系の概念図）の説明

▶**大気**…空気中の酸素は動物・植物の呼吸に必要。二酸化炭素は植物の同化作用にとって重要な成分。大気中では酸素約21％、二酸化炭素約0.03％（近年、増加）でバランス良く保たれている。

▶**水**…生物は水なしでは生きていけない。水は形態を絶えず変化（気化・液化・固化）させながら循環している。

▶**土壌**…生態系を支える土台であり、植物が育つために必要な有機物や無機物を含み、微生物などの生息空間でもある。

▶**太陽エネルギー**…植物は大気中の二酸化炭素と土壌中の水分を吸収し、太陽エネルギーを使って光合成を行い、糖などの有機物（栄養分）を作る。植物の作る有機物がすべての生命を支えるもとになっている。

▶**動物（消費者）・植物（生産者）**…互いに食うか、食われるかの関係（食物連鎖）でつながり、生態系のバランスを保ちながら生存している。生態系における植物の役割は大きく、有機物を生産する重要な存在。

▶**微生物（分解者）**…動物・植物の死がい、排せつ物、枯葉などの有機物を無機化して土に還す。ごみを分解する重要な存在。

2 生態系は、物質循環によって成り立つ（自然のリサイクル）

生態系は物質循環で成り立つ[1]

　生態系の生物部分は生産者、消費者、分解者に区分される。植物（生産者）が太陽光からエネルギーを取り込み、光合成（図2）で有機物（糖類）を生産し、これを動物（消費者）が利用していく。死がいやフンなどは主に微生物に利用され、さらにこれを食べる生物が存在する（分解者）。これらの過程を通じて生産者が取り込んだエネルギーは消費されていき、生物体が無機化されていく。それらは再び植物や微生物を起点に食物連鎖（図3）に取り込まれる。これを物質循環といい、生態系はこの物質循環で成り立っている。

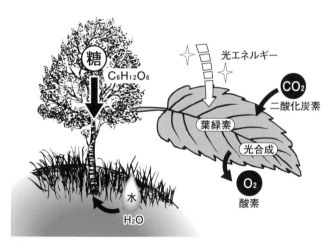

二酸化炭素 ＋ 水 ＋ 光エネルギー → 糖 ＋ 酸素 ＋ 水
　$6CO_2$　　$12H_2O$　　　　　　　　$C_6H_{12}O_6$　$6O_2$　$6H_2O$

図2　光合成　（参考文献3）をもとに作成

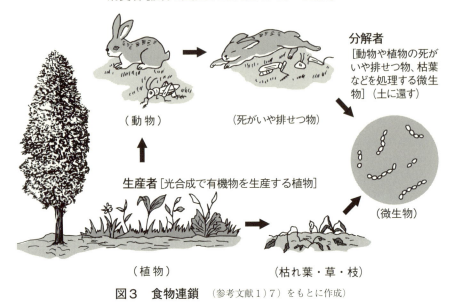

図3　食物連鎖　(参考文献1)7) をもとに作成)

生態系は、ごみを出さない自然のリサイクル

　自然の中にも落ち葉や枯れ枝、動物の死がいやフン、人間でいえばゴミにあたるものがたくさんできる。しかし、これらのものは、小さな虫やミミズなど（消費者）に食べられたり、土の中や水底の細菌やカビなど（分解者）によって分解され、土に戻っていく。そして、これを肥料にして植物（生産者）が成長して、その植物を動物（消費者）が食べるというように、自然の中でリサイクル（一度使われたものが形を変えながら何度も使われること）がうまく行われている。生態系は「ごみを出さない自然のリサイクル」である。

3 さまざまな生態系が集まって、地球生態系を形成

さまざまな生態系
　生態系は、それを取り巻く環境のちがいによりさまざまである。媒質が空気か水のちがいで、陸域生態系と水域生態系とに大別される（図4）。

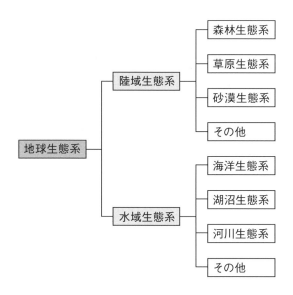

図4　さまざまな生態系
参考文献2）

　陸域生態系は、植生の種類や有無によって森林、草原、砂漠などの生態系に分かれ、水域生態系は、海洋、河川、湖沼などの生態系に分かれる。
　代表的な森林生態系と海洋生態系の概要を図5、図6に示す。

森林生態系
　森林は、植物の葉などで太陽エネルギーを吸収し、森林内部に安定した気象環境を形成。また、緑のダムとも呼ばれ、雨水を保水する機能に優れる。

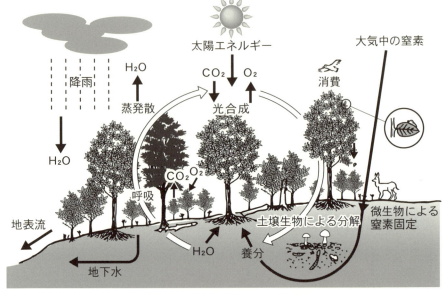

図5 森林生態系の概要 参考文献3)

　多種多様な生物が生息する森林生態系は、おいしい水ときれいな空気をつくる源である。

① 草木など緑色植物は、太陽光からエネルギーを取り込み、葉緑素の働き〔光合成〕によって、土壌から吸い上げた養分や水分と大気中の二酸化炭素（CO_2）から有機物（糖類）をつくり成長。

② 鳥や虫、草食・肉食動物は、植物のつくった有機物（糖類）を直接または間接的に食べて生育。

③ 植物が枯れて地表に落ちた枝・葉や動物の死がい・排せつ物などは、土壌の小動物や微生物によって分解され、土に還る。

④ 大気中に拡散する水蒸気（H_2O）、二酸化炭素（CO_2）、酸素（O_2）は植物の光合成、動物・植物の呼吸、微生物の分解に使われ広域的に循環し、バランスの良い状態（二酸化炭素約0.03%、酸素約21%）に保たれている。

⑤ 水は大気、森林、土壌などに存在し、降雨、森林の吸収・吸着・蒸散、土壌の浸水・蒸発・表流などを繰り返し循環する。

海洋生態系

地球全体の7割を占める海洋は、生命の源であり、多種多様な生物が生息し、豊かな生態系を形成。

① 一次生産者の植物プランクトンや海草・海藻などは海洋の有光層で、太陽光からエネルギーを取り込み、水中に溶存する窒素・リンなどの栄養塩類や二酸化炭素（CO_2）を吸収し、光合成によって有機物（糖類）をつくり増殖・生長する。

② 一次消費者のバクテリアは水中に溶解あるいは懸濁する有機物を分解して増殖する。

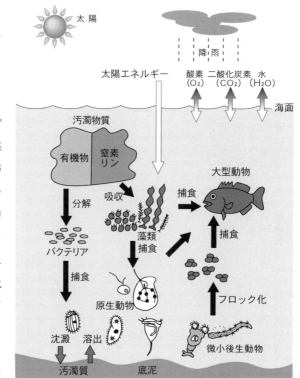

図6 海洋生態系の概要
（参考文献2）をもとに作成）

③ 二次消費者の微小動物は、バクテリア及び懸濁有機物を捕食して成長。

④ さらにこれを捕食する三次消費者の魚類が捕食し成長。

⑤ 枯死した植物プランクトン、動物プランクトンや魚などの死がいは、海底に沈殿・懸濁し、微生物によって分解される。

⑥ 大気中と海水中の水蒸気（H_2O）、二酸化炭素（CO_2）、酸素（O_2）は、海面を介して吸収・発散して、ほど良い濃度にバランスが保たれている。

⑦ 太陽エネルギーを吸収した海水は、冷め難く、温まり難く、地球上の気候を穏やかにする働きを持つ。

環境ミニセミナー 生態系ピラミッドについて

　生態系の生物群は、太陽エネルギーを取り込み無機物（CO_2など）から有機物をつくる生産者（緑色植物）、その生産者の消費者（動物）、両者の排せつ物や死がいを無機化する分解者（微生物など）から構成され、それらの生体量はピラミッド構造となっています(図7)。ピラミッドの上に行くほど生きられる数は少なくなります。したがって、生態系ピラミッドの最上位に位置する人類や肉食性動物の生きられる数は少なく、限られています。今人類が直面している人口問題や食糧問題の根本的な要因がここにあります。

　また最近、「生物種の絶滅」も深刻な問題となっています。国連食糧農業機関（FAO）は、現在急速に生物種が絶滅し、このまま進行すると、今後30年以内に地球上の生物の25%が絶滅する可能性があると警告しています。生態系ピラミッドの中で、ある生物がいなくなってしまうと、それを食物にしていた生物が影響を受け、食物連鎖のピラミッドが壊れてしまいます。私たち人間も、このピラミッドを構成する一員です。ピラミッドが崩れてくると食糧不足など、私たちにもその影響が及んできます。

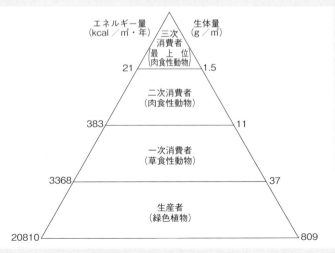

図7　生態系ピラミッド　参考文献2)7)9)

4 地球生態系は人類生存の基盤

　地球ができたのが今から46億年前、初めて生物が生まれたのが35～40億年前といわれ、その頃大気の中には酸素はなかったが、しばらくすると酸素を光合成により生み出す藻類が誕生し、その後酸素の増加とともに二酸化炭素の減少やオゾン層の形成により、地球生態系は安定してきた。約6億年以上前には海の中に動物が現れ、3～4億年前には陸上の動物が現れ、数百万年前には原人が出現するなど、さまざまな生物が誕生し、長い年月をかけて現在のような地球生態系が形成された。もし生態系の中である生物がいなくなってしまうと、食物連鎖のピラミッドが崩れ生態系は成り立たない。崩れた生態系ピラミッドが修復されるには長い年月を要する。

　地球生態系はさまざまな生物がお互いに関わりあって、絶妙のバランスで保たれ、維持されている。人間も生態系を構成する一員であり、生態系に深く関わり、生きている。生態系が健全であって初めて人間の生存が保障される。健全なる地球生態系は、人類生存の唯一無二の基盤である（図8）。

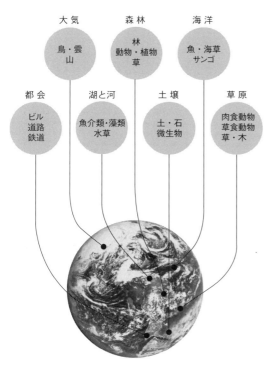

図8　人類生存の基盤〔地球生態系〕

5 生態系の機能…生態系からの恵み

生態系の機能（恵み）

　森林生態系や海洋生態系などは多くの機能を有し、人類に限りない恵みを与えてくれる（表1）。

表1　森林・海洋生態系が有する機能

	森林生態系	海洋生態系
生産機能	製材・用材、パルプ用材、薪炭・草肥などの生産	水産物生産（魚介類、海藻類、海草類など）
生物資源保全機能	・遺伝資源の保存（野生遺伝資源〈生物種〉の保存、野生動植物の生育保護） ・生態系維持（陸地及び水界の生態系の維持）	森林の機能と同様
国土保全機能	土地保全（土地浸食の防止、土砂崩壊の防止、洪水防止）	土地保全（浅瀬での高潮の緩和など）
環境保全機能	・酸素の供給 ・地球温暖化の防止（二酸化炭素の吸収・固定） ・大気保全、水環境保全（大気・水質浄化、水源涵養）	・酸素の供給 ・地球温暖化の防止 ・水環境保全（浄化）
アメニティ機能	・居住空間保全（景観の形成保全、防風・防塵、遮光、温度・湿度調節、災害防止 ・保健休養（レクリエーションの場、自然・情操教育、精神・安定化、伝統文化の維持）	・景観の形成・保全 ・温度・湿度調節 ・保健休養（レクリエーションの場、自然・情操教育、精神・安定化、伝統文化の維持）

参考文献2）

　私たちの暮らしは、食糧や水、酸素の供給、土地の保全、大気・水質の浄化など生態系の機能（恵み）によって支えられている。

A）生産機能

　森林では製材用木材やパルプ用材、薪炭材や有機肥料などの供給源として、

海洋では魚介類や海藻類などの水産物、潮汐発電などの自然エネルギーの供給源として機能している。

B) 生物資源保全機能

　森林や海洋など自然環境には多種多様な生物が生息し、地球生態系の保全に寄与しているとともに、多様な遺伝子資源を保存しており、衣料・食糧・新薬の開発に貢献している。

C) 国土保全機能

　土壌浸食の防止や土砂崩落の防止、水源や地下水の涵養、洪水の防止、高潮の緩和などにより国土の保全に寄与しているが、近年は森林や沿岸域などの開発によりその機能は低下している。

D) 環境保全（浄化）機能

　酸素供給や二酸化炭素の吸収・固定による地球温暖化の防止、大気や水質の浄化などによる地球環境の保全に機能しており、人間をはじめとする生物の生存を可能にしている。

E) アメニティ機能

　景観の保全や温度・湿度調整とともに、レクリエーションの場や自然・情操・環境教育の場などの日常生活の快適性にも大きく貢献している。

1章　環境問題解決のカギ〔生態系〕を学ぶ！　13

6 環境問題は、生態系の乱れ…不健全化

　前述の環境ミニセミナー「生態系ピラミッドについて」(P.10) や「1.1 ④地球生態系は人類生存の基盤」(P.11) で述べたように、人間も生態系を構成する一員であり、生態系に支えられて生きているとともに、人間の活動は生態系にさまざまな影響を及ぼす。人間の活動と生態系の関わりの強さは、図9に示すように、生態系から摂取する物質（資源物）と生態系に廃棄する物質（廃棄物）の量と質による[2)9)]。

　現在直面する地球温暖化、オゾン層破壊、環境汚染（大気・水質・海洋・土壌）、砂漠化、生物種の絶滅などの深刻な地球環境問題は、人間の諸活動（量と質）によってもたらされた地球生態系の不健全化の問題である。

　生態系での物質（エネルギー）循環が損なわれない自己再生の範囲、すなわち自己浄化が行われる範囲であれば、人間の諸活動に伴って汚染物質を廃棄したり、資源を摂取しても生態系の破壊は起こらない。しかし、近年の急激な人口の増加や人間の社会・経済活動の拡大に伴い、化石燃料を過剰に使用し二酸化炭素、窒素酸化物、硫黄酸化物などの多量の排出や、自然浄化されにくいフロン、PCB、

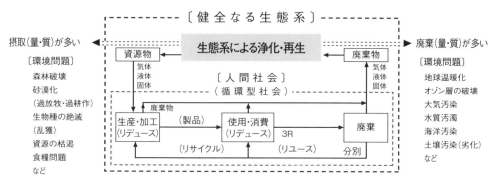

図9　人間社会と生態系の関わり

農薬などの多様な汚染物質の排出、及び野生動植物の乱獲などによって生態系への負荷が増大し、生態系の浄化・再生機能が対応しきれなくなってしまい、物質循環のバランスが乱れ、多様な生物にとって生態系が不健全な状態となり、さまざまな環境問題をもたらしている。

7 それでは、どうしたらよいのか？
—環境問題解決のための「生態系の保全対策」—

生態系の保全対策[2]

　生態系の保全対策として最も大切なことは「自然との共生」である。人間も生態系を構成する一員であり、生態系全体によって支えられているとともに人間の活動が生態系全体に大きな影響を与える。このことをしっかり認識して社会・経済システムや生活スタイルを見直し、環境への負荷を低減して、自然とともに生きることである。

　具体的な生態系の保全対策としては、環境問題の原因とされている対象物質（水、熱、炭素、炭化水素類、窒素化合物、塩素化合物、栄養塩類など）の生態系における物質循環のメカニズムを把握し明確にしたうえで[注1]、「1．生態系への負荷の低減（持続可能な循環型社会を形成）」を図り、「2．不健全な生態系の修復と健全で恵み豊かな生態系の創出」を推進することが重要となる。

1．生態系への負荷の低減（持続可能な循環型社会を形成）

　環境問題の原因となる対象物質（水、熱、炭素、炭化水素類、窒素化合物、塩素化合物、栄養塩類など）に関して、図9の「人間社会と生態系の関わり」(P.14)に示す生態系から摂取する物質（資源物）と生態系に廃棄する物質（廃棄物）の収支[注2]を予測[注3]して、生態系の浄化・再生能力の許容範囲を超える摂取や廃棄はしないよう、人間社会における資源・エネルギーの循環率を高め、生態系への負荷の低減を図る（図10）。

2．不健全な生態系の修復と健全で恵み豊かな生態系の創出

　不健全な生態系の修復と健全で恵み豊かな生態系の創出のため、人間の活動と生態系の変化（不健全化）の関係[注4]を明確にして、それに沿って対策を講じ、人間の諸活動と生態系（物質循環）を調和させ、自然と共生していくことが必要

である（図11）。

基本的な対策

A）自然環境保全地域の指定や規制による原生的な自然の保全、森林・農地・水辺などの維持・形成、生息空間や緑地・海浜などの整備。

B）地域の山地自然地域や里地自然地域・平地自然地域、沿岸海域の植生復元や生息環境の修復・保全など。

C）生物多様性条約などに基づく生物多様性の確保や野生動植物の保護管理など。

D）人間の活動によって失われた自然的要素の修復・復元により自然のメカニズムの回復。例えば、ホタルなど特定生物を生息させるための生活環境を修復・復元するビオトープづくりなどを通して、多様な生物が生息する生態系を創出する。

E）人間の諸活動と自然生態系（物質循環）との調和。例えば、人間社会から自然生態系に廃棄（気体・液体・固体）する場合、多様な生物が生息する生態系模擬領域（ビオトープ、人工干潟、人工林など）を設け、そこでいったん、馴化・馴致処理を行い、模擬的生態系になじませた後、廃棄する。

注1）　生態系における物質循環のメカニズムが不明瞭な物質は使用しないことを原則とする。

注2）　例として、「人為起源炭素収支の模式図（2000年代）」を図10に示す。

注3）　環境問題の原因となる対象物質は他の物質やさまざまな生物と関連しあっているので、全体観に立って予測することが必要。

注4）　例として、「人間活動における生態系との関わり」を図11に示す。

1章　環境問題解決のカギ〔生態系〕を学ぶ！　17

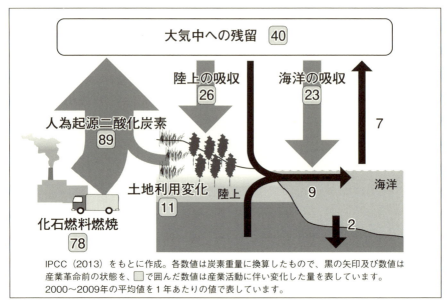

図10　人為起源炭素収支の模式図（2000年代）　参考文献5）

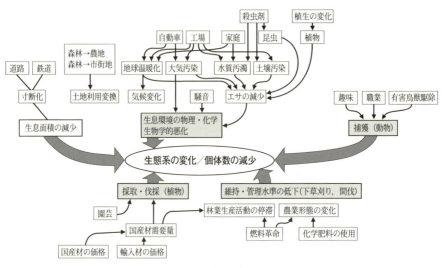

図11　人間活動における生態系との関わり　参考文献2）

参考文献

1章　1.1

1）西岡秀三著（1997）『学研の図書「地球環境」』.（株）学習研究社.
2）吉野　昇　編（1999）「絵とき　環境保全対策と技術」. オーム社、2-3p, 86p, 179p, 206-207p.
3）森林・林業学習館ホームページ（2015）「森林生態系の概要」.「Fujimori, 2001」（http://www.shinrin-ringyou.com/shinrin_seitai/）
4）財団法人日本木材総合情報センター（2010）「木が守る地球と暮らし」.
5）気象庁ホームページ（2015）「海洋温室効果ガスの知識」.（http://www.data.jma.go.jp/gmd/kaiyou/db/mar_env/knowledge/global_co2_flux/carbon_cycle.html）
6）ジェローム・バンデ編（服部英二・立木教夫監訳）（2009）「地球との和解」. 麗澤大学出版会.
7）児玉浩憲著（2000）「図解雑学　生態系」. ナツメ社、45p, 75p.
8）環境学習サイト（2015）「河北潟から考える人・水・自然」.（http://iida.yupapa.net/sien/）
9）下平利和著（2011）「生態系に学ぶ！廃棄物処理技術」. ほおずき書籍、7-24p.

1.2　湖沼生態系

1　湖沼にすむ生物[1)2)]

　湖沼には、植物、動物、微生物などさまざまな生物がすんでいる。一般に、水生植物がみられる沿岸部と、岸から離れた沖部、植物が生育するために必要な光が十分に届かない深底部に大きく分けることができ、それぞれにすむ生物の種類が異なる（図12）。

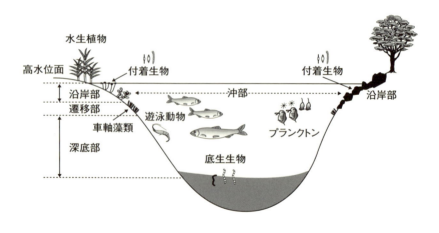

図12　湖沼にすむ生物　参考文献2）

沿岸部の生物
　岸に近い沿岸部には水生植物が生育し、岸から抽水植物、浮葉植物、沈水植物の順に分布している（図13）。また、沿岸部では、水生植物、石、木片などの水中

20

部分に付着する生物と、それらを餌にするユスリカ類、貝類、昆虫類などのさまざまな小動物がすんでいる。

- ▶**抽水植物**…空気中の葉や水面に浮いた葉から空気を取り込み生育する。水深の深いところでは生育できない。ヨシ、ガマ、イグサ、マコモ、ハスなど。
- ▶**浮葉植物**…根からの養分の供給と浮葉でのガス交換をしながら生育する。ヒシ、アサザ、ヒツジグサ、スイレン、ジュンサイなど。
- ▶**沈水植物**…根を通して泥から栄養分を受け取って固着生活をする。栄養分は水中からも取り込まれる。光合成に必要な二酸化炭素は水からだけでなく泥からも取り込んでいる。光の量が少ないところでは生育できない。エビモ、ササバモ、オオカナダモなど。
- ▶**浮葉性水生植物**…底泥中に根を下ろしていないホテイアオイ、ウキクサ、サンショウモなど。
- ▶**付着(底生)生物**…水中の水草や石、木片などの基質の表面にケイ藻類などの付着藻類が膜をつくり、その周辺にはそれらを餌にするさまざまな小動物が生息する。線虫類、クマムシ類、ワムシ類、ヒル類、貧毛類、ユスリカ類、貝類、昆虫類など。

水生植物の多くは春に新芽が出て生長を始め、夏に繁殖し、秋から冬に枯れる

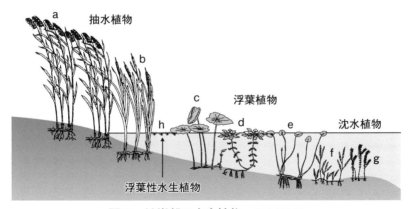

図13 沿岸部の水生植物 参考文献2)
a：ヨシ、b：ヒメガマ、c：ハス、d：ヒシ、e：アサザ、
f：ササバモ、g：コカナダモ、h：ウキクサ

というように、季節とともに陸域の落葉樹と同じような態様を示すが、種類によりそれぞれ少し異なった変化をしている。外来種のコカナダモなど、冬でも枯れない種類もある。

　湖沼の沿岸部は、陸域と水域の接点であり、環境条件も複雑で多様化している。このため、水生植物を中心として微生物から魚類や鳥類にいたるまで、さまざまな種類の多くの生物がすみ、豊かな生態系を形成している。しかしながら、昭和30年代頃から、人間の活動が活発化して湖沼を取り巻く環境が変化し、半自然湖岸化や人工湖岸化に、また湖岸周辺の土地利用が農業地から市街地などに改変が進み、これに伴い沿岸部の自然環境（生態系）が破壊され、湖沼全体の生態系にも悪影響を及ぼす事例が多く発生した。湖沼生態系を保全するために、水生植物を中心とした生態系で形成されている沿岸部の果たす役割の重要性は増している。

沖部の生物

　岸から離れ、水深が深くなるに従い水生植物は見られなくなり、この水域は沿岸部と区別して、沖部と呼ぶ。ごく浅い湖沼では、沖の方まで浮葉植物や沈水植物が生えていることがあるが、ある程度以上の深さがある湖沼の沖部にすむ生物は主にプランクトンと魚類などの遊泳動物である。プランクトン（浮遊生物）は、一般にごく小さな生物で、自分で泳ぐ力がないか、あっても弱く、水の動きとともに移動する。プランクトンは植物プランクトンと動物プランクトンに分けられる。

Ａ）植物プランクトン（図14）

　植物プランクトン（藻類）は、ラン藻類、ケイ藻類、緑藻類など、光合成を行う微生物のこと。光合成で有機物を自分で合成する「独立栄養」を営む一方で、水中から有機物の取り込みも行う「従属栄養」も営む「混合栄養」型の鞭毛藻類なども含まれる。

　ラン藻類や鞭毛藻類は、細部内のガス胞を調節したりし、鞭毛を動かして浮き沈みし、湖沼の表層水の栄養塩類が不足しているときには鉛直移動して深層水に蓄積している栄養塩類を取り入れ、生産を支えていると考えられ、湖沼において

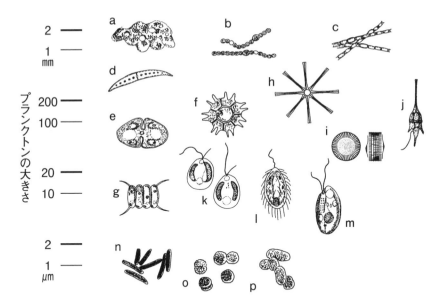

図14　いろいろな植物プランクトン　参考文献2)
a：ミクロキスティス（*Microcystis*）、b：アナベナ（*Anabaena*）、c：アファニゾメノン（*Aphanizomenon*）、d：ミカヅキモ（*Closterium*）、e：ツヅミモ（*Cosmarium*）、f：クンショウモ（*Pediastrum*）、g：セネデスムス（*Scenedesmus*）、h：ホシガタケイソウ（*Asterionella*）、i：ヒメマルケイソウ（*Cyclotella*）、j：ツノオビムシ（*Ceratium*）、k：オクロモナス（*Ochromonas*）、l：マロモナス（*Mallomonas*）、m：クリプトモナス（*Cryptomonas*）、n・o・p：ピコ植物プランクトン（ラン藻類）

重要な役割を果たしている。夏季に諏訪湖や霞ケ浦の湖面を緑色にする、アオコと呼ばれるラン藻類のミクロキスティスや、ダム湖などの閉鎖性水域に発生し、湖面をコーヒー色にするペリディニウムなども鉛直移動をしている例である。

B）動物プランクトン（図15）

動物プランクトンにはワムシ類、枝角類、カイアシ類、アミ類、昆虫類などがすんでいる。多くは1mm足らずの大きさで、肉眼でも確認できる。ワムシ類は小型（0.1～0.5mm）のものが多く、あらゆる水域に出現し、浮遊性の種類以外に付着性の種類もいて、微細な植物プランクトンやバクテリアを餌にしている。

プランクトンは大きな移動力は持っていないが、ミジンコ類など、昼間は光の弱い深水層で生活し、夜間は水面付近に上がってプランクトンを捕食する、日間の周期的な鉛直移動が知られている。

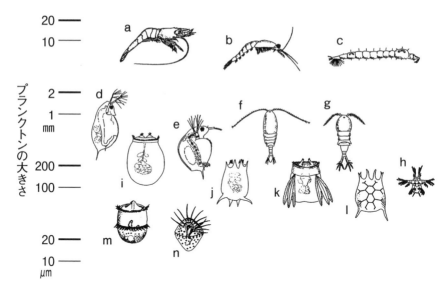

図15 いろいろな動物プランクトン 参考文献2)
a：テナガエビ幼生（*Macrobrachium*）、b：イサザアミ（*Neomysis*）、c：フサカ幼虫（*Chaoborus*）、d：カブトミジンコ（*Daphnia*）、e：ゾウミジンコ（*Bosmina*）、f：カラヌス類のヤマトヒゲナガケンミジンコ（*Eodiaptomus*）、g：ケンミジンコ類のオナガケンミジンコ（*Cyclopus*）、h：カイアシ類のノープリウス幼生、i：フクロワムシ（*Asplanchna*）、j：ツボワムシ（*Brachionus*）、k：ハネウデワムシ（*Polyarthra*）、l：カメノコウワムシ（*Keratella*）、m：ディディニウム（*Didinium*）、n：ストロンビディウム（*Stronbidium*）

C) 遊泳動物（魚類、エビ類）（図16）

湖沼で生活している魚類の中には植物プランクトンを直接食べるものもいるが、大部分は動物プランクトンを食べて生活している。日本の湖沼の特色として、魚を食べる魚（ナマズなどの魚食魚）が少ない。しかし最近、北米から魚食魚のブラックバス（オオクチバス）やブルーギルなどが移入され、全国に分布域を拡大し、小型の魚類や稚魚などに大きな被害をだし、湖沼の生態系に大きな影響を与えている。

▶魚類…ワカサギは体長10cm程度の小型の魚で、卵の状態で毎年全国の多くの湖沼に放流され、貧栄養、富栄養を問わず生息が確認されている。コイ、ギンブナ、ゲンゴロウブナなどは植物プランクトンも動物プランクトンも食べる雑食性の魚。全国の湖沼に分布するウグイは水生昆虫など底生動物を食べ

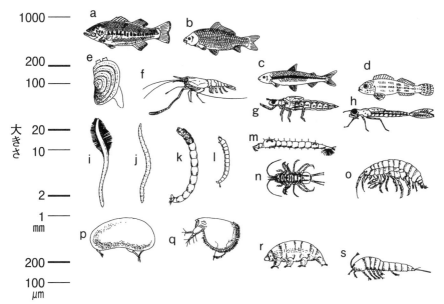

図16 いろいろな底生・付着動物と遊泳動物 参考文献2）
a：オオクチバス（*Micropterus*）、b：コイ（*Cyprinus*）、c：ワカサギ（*Hypomesus*）、d：チチブ（*Tridentiger*）、e：二枚貝、f：テナガエビ（*Macrobrachium*）、g：トンボ幼虫、h：イトトンボ幼虫、i：エラミミズ（*Branchiura*）、j：イトミミズ（*Limnodrilus*）、k：アカムシユスリカ幼虫（*Tokunagayusurika*）、l：ツヤユスリカ幼虫（*Cricotopus*）、m：フサカ幼虫（*Chaoborus*）、n：ミズムシ（*Asellus*）、o：ヨコエビ（*Gammaridae*）、p：カイミジンコ（*Ostracoda*）、q：フトオケブカミジンコ（*Ilyocryptus*）、r：クマムシ（*Tardigrada*）、s：ソコミジンコ（*Harpacticoida*）
フサカは本来、水中で生活しているが、終令幼虫は底生生活も送る。

る。カワマスやニジマスの成魚は魚食性が強いが、小さいときは水生昆虫やエビ類を食べる。
▶エビ類…日本ではアメリカザリガニ、スジエビ、テナガエビ、ヌカエビなどが分布している。

深底部の生物

　植物が生育するための十分な光が届かず、湖底が泥や沈降物に覆われた区域を深底部という。湖の透明度により光の届く深さが異なり、水がきれいな貧栄養湖では深さ20〜30m付近までが沿岸部、水が濁った富栄養湖では深さ数メートルま

1章　環境問題解決のカギ〔生態系〕を学ぶ！　25

でが沿岸部で、この付近まで光合成生物が活動していると考えられる。

　深さ数十メートルもある透明度の大きな貧栄養湖の底は、褐色や灰色の厚い泥に覆われ、夏でも冬の水温に近い冷たい水で、光が届かず、すむ生物は少ない。貧栄養湖の泥の表面付近には溶存酸素が十分にないとすむことができないユスリカの幼虫やヨコエビなどの底生動物がすんでいる。これらの生物は、湖の沿岸部や沖部で生産された植物プランクトンや動物プランクトンの死がいや排せつ物などが沈降・堆積した有機性の底泥を食べて生活している。湖沼周辺の森林などから流れ込んだ枯れ枝や落葉も大切な餌である。

　深さ数メートルの浅い、生物の生産活動が活発な富栄養湖の深底部は、夏季にしばしば貧酸素水塊ができ、このような湖ではユスリカの幼虫やイトミミズなどの底生動物がすんでいる。これらの生物は、体液中に酸素をたくわえて、ある期間は水中の溶存酸素が欠乏しても耐えられるような機能を備えている。またフサカの幼虫のように昼間は溶存酸素のない底泥中で生活し、夜間、溶存酸素が豊富な表層水まで上昇して呼吸する生物もいる。ユスリカやフサカの幼虫と成虫、イトミミズなどは、ワカサギなどの魚の餌として重要である。このような底生動物は、湖底の有機物を分解して、栄養塩を湖水へ戻す重要な役割を持っている。

環境ミニセミナー　富栄養化のメカニズム[3]

富栄養化とは

　富栄養化（ふえいようか）とは、海・湖沼・河川などの水域が、貧栄養状態から富栄養状態へと移行する現象のことです。本来は、池や湖がある環境条件下での生物群集の非周期的な変化によって、水中の肥料分（窒素やリンなど）の栄養塩類濃度が低くプランクトンや魚類が比較的少なく生物生産活動が活発ではない貧栄養水域から、栄養塩類濃度が高く生物生産活動が極めて活発な富栄養水域へ、その湖沼型を変化させてゆく非人為的な過程を指す言葉でしたが(自然富栄養化)、近年では、人間の活動の影響による水中の肥料分（窒素やリンなど）の濃度上昇を意味する場合が多いようです。

富栄養化のメカニズム（図17）

　窒素、リンは人間生活が原因の生活系排水や産業系排水、農業系排水に多く含まれており、これら人間由来の窒素、リンが湖沼や内海、内湾といった閉鎖的な水域に流入することにより蓄積が進み、水域内の窒素やリンなどの栄養塩類が増加すると、水生植物や藻類など一次生産者の光合成による有機物の生産が増大します。なお、藻類などの増殖は植物と同様に、炭素(C)、水素(H)、窒素(N)、硫黄（S）、カリウム（K）、リン（P）、カルシウム（Ca）、鉄（Fe）、マグネシウム（Mg）などの元素を必要としますが、自然水中では通常、窒素とリンが不足しがちになるので、水域内の窒素、リン濃度が増大すると、藻類などの増殖能は高まることになります。

富栄養化の影響

　閉鎖性水域の富栄養化により異常増殖した藻類などは、pHの上昇、溶存酸素の低下（貧酸素化）、魚類の大量へい死、悪臭、水道水・用水の浄化過程でのろ過障害などの問題を誘起します。

富栄養化防止対策

　汚濁負荷発生源対策などで流入有機物（COD）が削減されたとしても、窒素・リンが流入し続けるならば、閉鎖性水域内において藻類などが増殖し、藻類などの内部生産による有機物濃度が高まる結果となるため、窒素、リンの削減対策は

1章　環境問題解決のカギ〔生態系〕を学ぶ！　27

必要不可欠です。たとえば、全国各地の湖沼で発生しているアオコに関しては、リン1mgから約1000mgの、また窒素1mgから約50mgもの藻体が生成されることが明らかにされており、この数値からも富栄養化を防止するうえでは、窒素とリンの除去が重要であることが分かります。

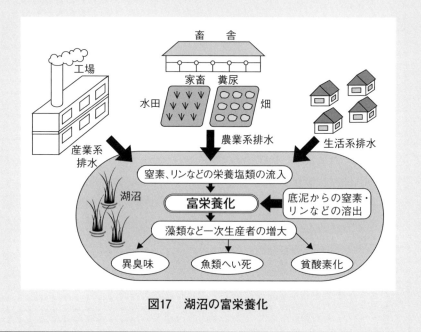

図17　湖沼の富栄養化

2 湖沼生態系の食物連鎖[1]

食うものと食われるものの関係

　光合成をして有機物を生産するラン藻類、ケイ藻類、緑藻類などの植物プランクトンは、ワムシ、ミジンコなどの動物プランクトンに食べられ、動物プランクトンは小さい魚に、小さい魚は大きな魚に食べられる。このような食うものと食われるもの関係は「食物連鎖」として知られている（1.1 3の「海洋生態系」P.9参照）。そして、食われるものと食うものの関係を、それぞれの順に生物の量（生体量）として比較したものを「生態系ピラミッド」という（1章　環境ミニセミナー「生態系ピラミッドについて」P.10参照）。

　しかし、実際の湖沼における食物連鎖と生態系ピラミッドは複雑である（図18）。湖沼生態系のピラミッドの底辺（生産者）には、植物プランクトンのほかに大型の水生植物やバクテリアが含まれている。それらは、一次消費者の動物プランクトンや底生動物、魚類の餌になる。バクテリアは一般に有機物を無機化する分解者として考えられているが、餌として有機物を

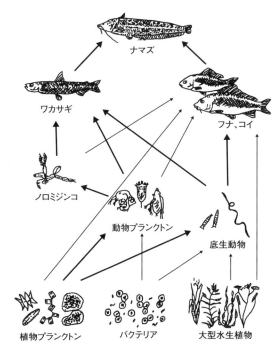

図18　湖沼の食物連鎖（例）　参考文献1）

供給することで植物と同じ生産者としての役割も果たしている。また、魚や動物プランクトンは成長するに従って餌の種類が変わることで、湖水中の餌になっている生物の量も変わり、このことが食物連鎖と生態系ピラミッドをさらに複雑にしている。実際の湖沼では、いくつもの食物連鎖が同時に存在し、しかも相互に関連しながら経時的に変化している。

3 湖沼生態系の物質循環[1]

生態系は物質循環で成り立つ

　湖沼生態系の生物群集は、陸域の生態系の生物群集と同様（1.1 2 の「生態系は、物質循環によって成り立つ」P.5参照）、生活の型によってそれぞれが役割を担っており、その役割によって、生産者、消費者、分解者に区分される（図19）。水生植物や植物プランクトンなどの植物（生産者）は太陽光からエネルギーを取り込み、光合成で有機物（糖類）を生産し、これを動物プランクトンや魚類などの動物（消費者）が餌として利用する。動物・植物の死がいや排せつ物などは主にバクテリアに利用され、さらにこれを食べる生物が存在する（分解者）。これらの過程を通じて生産者が取り込んだエネルギーは消費されていき、生物体は無機化（栄養物質）されていく。それらは再び植物やバクテリアを起点に食物連鎖に取り込まれる。これを物質循環といい、生態系はこの物質循環で成り立っている。しかし、消費者としての動物は、植物を直接食べるもの（一次消費者）、さらにその動物を食べるもの（二次消費者）など、何段階かに分かれ、また、動物も呼吸・排せつなどを通して有機物の無機化の役割も果たしており、消費者と分解者の区分ははっきりしたものではない。

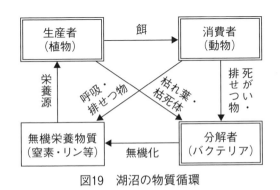

図19　湖沼の物質循環

4 湖沼生態系の水質浄化機能[3]

湖沼生態系の水質浄化機能

地球上では水は常に循環して(図20)、生態系の水処理機能によって清澄な水を確保して、健全な水環境を維持できるようになっている。特に河川、湖沼、海などの水域とその周辺（水辺）の水環境には、多様な生物が生息し、豊かな生態系が構築され、食物連鎖を通じた浄化などの水処理機能が高い（図21）。

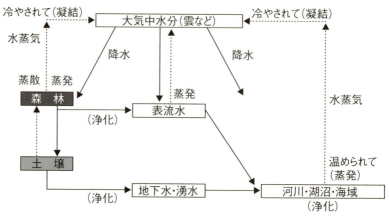

図20　自然の水循環　参考文献4）

有機物を含む水が河川及び水路を流下すると水質浄化が進行する。これは自然浄化作用と呼ばれるものである。水が流動する際に起こる汚濁物質の運搬、希釈、拡散、沈殿などの物理的浄化、汚濁物質の化学的酸化・還元、吸着、凝集などの化学的浄化、及び河床表面や水中の生物による生物的酸化・還元などの生物学的浄化のいずれも自然浄化作用といえる。

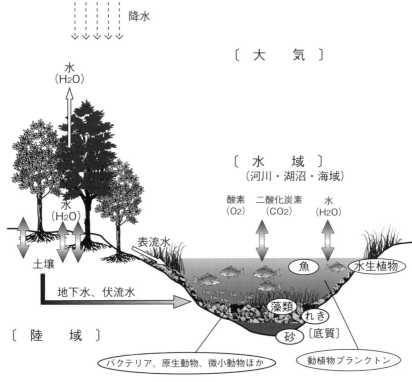

図21 水域と水辺の生態系 参考文献4）

　河川による自然浄化作用は、一般的に

$$\text{Streeter-Phelps の基礎式} \quad L_2 = L_1 \cdot 10^{-kr \cdot t}$$

で表される。ここで、kr は自浄係数と呼ばれ、水の溶存酸素の消費に伴う汚濁物質の減少速度係数 k_1（BOD の減少係数を用いる場合が多い）と、沈殿などの溶存酸素の消費を伴わない減少速度係数 k_3 に分けられる。また、L_1 は上流側の汚濁負荷量、L_2 は下流側の汚濁負荷量、t は2点間の流達時間を示している。すなわち、水質の自然浄化とは、水域において生物分解、沈殿、吸着などの作用により汚濁物質が時間の経過に伴い減少することを定義したものである（図22）。

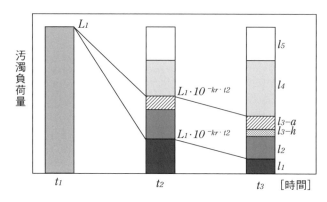

図22　流下距離に基づく汚濁有機物質の浄化作用　参考文献3)

l_1：流水中の残存有機物
l_2：沈殿した固形有機物
l_{3-h}：従属栄養生物の増殖によって再生産された有機物
l_{3-a}：独立栄養生物の増殖によって再生産された有機物
l_4：分解・無機化され、水中に溶存する部分
l_5：分解・無機化され、大気中に放出された部分

（出典：稲森悠平ら「水路における浄化とその意義」国立公害研究所研究報告第97号（1986））

　湖沼においても、沿岸部と沖合部（澱む部分）では異なるものの、流入した汚濁物質の運搬、希釈、拡散、沈殿などの物理的浄化、汚濁物質の化学的酸化・還元、吸着、凝集などの化学的浄化、及び湖底表面や水中の生物による生物的酸化・還元などの生物学的浄化のいずれの自然浄化作用をも有し、機能的にみると本質的な差はない（図23）。

　沖合部では、底泥と湖水の間では絶えず活発な物質交換が繰り返され、水中では植物プランクトンが窒素やリンなどの栄養塩類を摂取して、光合成増殖により有機物を生産し、これを細菌や動物プランクトンなどが捕食、分解するといった湖沼生態系の食物連鎖を通じ水質浄化が進行する。しかし、水の流動性が比較的高い沿岸部に比べて、バクテリアによる有機物の接触酸化分解の効果は小さい。

　なお、栄養塩類が高濃度に溶存するような水域ではアオコなどの藻類の異常増殖によって食物連鎖は崩壊し、内部生産によってかえって有機物（COD）が上昇することになる。このことから、湖沼などの閉鎖性水域では栄養塩類に係る対策が水環境改善の重要な位置づけとされている。

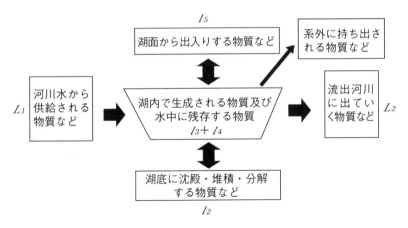

図23 湖沼における物質の出入り (参考文献6) をもとに作成)

水質浄化機能と食物連鎖

　湖沼生態系の水質浄化機能は、食物連鎖低次レベルの付着藻類や植物プランクトン及びバクテリア、高次レベルの動物プランクトンや原生動物及び後生動物などの生物群が大きく貢献し、それらの関係はピラミッド型で表される(図24)。ピラミッドの底辺を支えるのは、窒素やリンなどの栄養塩類を摂取する一次生産者の付着藻類や植物プランクトン、及び有機物を分解する一次消費者のバクテリアであり、これらを捕食して生活する動物プランクトンや原生動物及び後生動物が二次消費者であり、さらにこれらを捕食する魚類が三次消費者となる。したがって、多様な種類の生物が生息する高いピラミッドほど、捕食による汚濁物質などの分解能力が高く、水質浄化機能が向上していることになる。このようなことから、生物の種類の変化を逆に利用し水質汚濁の度合いを判定する指標として水質階級が定められている（表2）。
　最近、水質浄化が進んだ湖沼など閉鎖性水域における漁業不振の原因が貧栄養化にあることが指摘されているが、上述のように、水質階級によって生息する生物の種類が異なり、貧腐水性のようなきれいな水では、水中の栄養塩類が少なく藻類の生産量も少ないため二次・三次消費量も少なくなることから、ノリの生産量や漁獲量の減少など漁業には深刻な影響を与えることが考えられる。

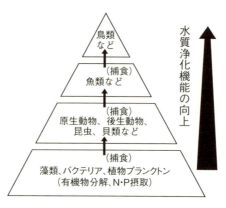

図24 湖沼の生態系ピラミッド （参考文献3）をもとに作成）

表2　生物の種類を利用した水質階級　参考文献3）

水質階級	状　態
貧腐水性	BOD[注1）]は0～2mg/Lと極めて低くDO[注2）]も飽和に近い。水中の栄養塩類が少なく藻類の生産量も少ないため二次・三次消費量も少なくなり、これに伴い捕食者も少なく食物連鎖の生物間のバランスが保たれるため有機物はほぼ完全に無機化される。
β-中腐水性	BODは2～5mg/Lで低くDOも高い。細菌、原生動物、藻類が増え、昆虫、甲殻類、二枚貝類、両生類、魚類が数多く出現する。
α-中腐水性	BODは5～10mg/LでDOはやや低くなるが、硫化水素臭はない。藻類が大量に発生し、特にラン藻類が優先的となるほか、原生動物も鞭毛虫類、繊毛虫類の出現頻度が高まる。出現動物としては巻貝類、魚類もコイ、フナ、ナマズなどの汚濁に強い種に限定される。
強腐水性	BODは10mg/L以上と有機物が大量に存在し、DOはほとんどない嫌気状態にあるため、アンモニア性窒素やリン酸態リンが溶出したり、硫化水素、メルカプタンなどの強い臭気が発生する。硫黄細菌、鉄細菌が大量に出現するが、藻類、原生動物、後生動物、魚類などは出現せず、イトミミズが見られる程度である。

注1）BOD：Biochemical Oxygen Demand（生物化学的酸素要求量）
注2）DO：Dissolved Oxygen（溶存酸素量）

環境ミニセミナー 水質汚濁の指標 BODとCOD

　BOD（生物化学的酸素要求量）あるいはCOD（化学的酸素要求量）はいずれも水質の有機汚濁の指標として用いられており、水質汚濁に係る環境基準では、COD は湖沼・海域、BOD は河川の基準項目となっています。以下に示すように、いずれも実際に測定されているのは有機物そのものではなく、有機物の分解時に消費される酸素の量になります。

A）　BOD とは、水中の好気性微生物が有機物（汚れの成分）を摂取（分解）するときに水に溶けている酸素（溶存酸素）を消費するので、20℃の環境下で5日間放置して、その間に消費された酸素量（mg /L）で汚れの度合いを表したものです。有機物が多いほど微生物の酸素消費量が多くなるため、水中の溶存酸素が減少し、BOD 値が高くなり、水質の汚濁が進んでいることになります。

B）　COD とは、水中の有機物を化学薬品で酸化分解（通常、過マンガン酸カリウムで30分・100℃）するとき、消費される酸化剤の量を酸素量（mg /L）に換算して汚れの度合を表したものです。ただし、この方法は無機物も酸化分解するので、塩化物イオンや亜硝酸などの還元性の物質を含む試料については注意を要します。

　通常、河川の場合は自然の浄化作用にかなった BOD 測定が適しているので、河川は BOD 規制になります（写真1「河川の汚濁（河川は BOD）」）。一方、海や湖沼は COD 規制になっています（写真2「湖沼の汚濁（湖沼は COD）」）。これは、海水の場合は、好気性微生物の活動が不活発であるため、また、湖沼では、植物プランクトンなどの光合成が活発に行われ溶存酸素が過飽和になり水中の溶存酸素が正確に測定できないため、BOD では汚れの度合（有機汚濁）を示すことができませんので、COD を用いることになります。

　これまで、水中に含まれる有機物の指標として BOD、COD が使われてきましたが、上述のようにこれらの項目は微生物や酸化剤により一定時間内に分解されるものの総量を測っているため、有機物の種類により分解率が異なるなど、指標

1章　環境問題解決のカギ〔生態系〕を学ぶ！　37

として課題があります。現在、環境審議会等では、新たな水質指標としてTOC（Total Organic Carbon：全有機炭素量）の導入に向けて調査・検討が進められています。TOCは900℃程度の高温で有機物を分解し、二酸化炭素にして炭素量を測定するので、分解率の問題がなく、測定時間が短くて済むことや連続測定可能という利点があります。〔EICネット「環境用語集」（2015）より〕

写真1　河川の汚濁（河川はBOD）

写真2　湖沼の汚濁（湖沼はCOD）

5 湖沼の汚濁は、生態系の乱れ…不健全化[3)]

　湖沼の水環境には多様な生物がすみ、特に陸域と水域の遷移する沿岸部においては豊かな生態系が構築され、食物連鎖を通じて水質浄化機能が高まることが知られている。しかしながら、昭和30年代頃から、人間の活動が活発化して湖沼を取り巻く環境が変化し、このような湖沼の水環境に対して自然の水質浄化能力を上回る汚濁負荷量が与えられたり、コンクリート構造物の築造などにより本来水辺の有する水質浄化能力が失われたりして、湖沼内に有機物が蓄積するなど物質循環のバランスに乱れが生じ、本来の健全な湖沼生態系の存亡が危ぶまれている水域も少なくない。その結果、富栄養化が進行して、アオコなど藻類の異常増殖、貧酸素水塊の形成、魚類など水生生物の減少、異味異臭など、人間にとっても甚大な影響を及ぼしている。

　前述の環境ミニセミナー「生態系ピラミッドについて」(P.10)、及び1.1 6の「環境問題は、生態系の乱れ…不健全化」(P.14)で述べたように、人間も生態系を構成する一員であり、生態系に支えられて生きているとともに、人間の活動は生態系にさまざまな影響を及ぼす。湖沼生態系についても、人間社会と湖沼生態系の関わりの強さは、図25に示すように、湖沼生態系に排出する物質と湖沼生態系から摂取する物質(資源)の質と量による。湖沼生態系での物質循環が損なわれ

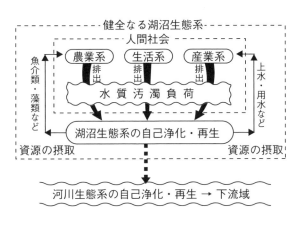

図25　人間社会と湖沼生態系の関わり

ない自己浄化・再生の範囲であれば、人間の諸活動に伴って汚濁物質を排出したり、資源を摂取しても湖沼生態系の破壊は起こらない。しかし近年、湖沼の集水域における急激な人口の増加や人間の社会・経済活動の拡大に伴い、（1）有機物・窒素・リンや有害化学物質など汚濁負荷の増大、（2）湖岸周辺の土地利用の改変（市街地化）による地下浸透機能の低下と洪水の頻発、（3）人工湖岸化による沿岸部の自然環境（生態系）の破壊、などによって湖沼生態系への負荷が増大し、湖沼生態系の浄化・再生機能が対応しきれなくなってしまい、物質循環のバランスが乱れ、藻類の異常繁殖や貧酸素化、異臭味など、さまざまな問題をもたらしている。湖沼の水質汚濁などの水環境問題は、湖沼生態系の乱れ…不健全化の問題である。

6 それでは、どうしたらよいのか？
―水環境改善のための「湖沼生態系の保全対策」[3]―

「それでは、どうしたらよいのか？」

基本的には、1．1[7]で述べた「生態系の保全対策」（P.16）と同様であり、湖沼の環境問題を解決するためには、健全な湖沼生態系を確保することが重要となる。ただし、1．1[3]（P.7）で学んだように、さまざまな生態系が集まって地球生態系が形成されており、湖沼生態系の保全対策を検討するにあたっては、湖沼の上・下流域の河川生態系、さらにその上部域の草原・森林生態系などとの関連をも考慮することが必要となる。

湖沼生態系の保全対策

生態系の保全対策として最も大切なことは「自然との共生」である。人間も生態系を構成する一員であり、生態系全体によって支えられているとともに人間の活動が生態系全体に大きな影響を与える。このことをしっかり認識して社会・経済システムや生活スタイルを見直し、環境への負荷を低減して自然とともに生きることである。

具体的な湖沼生態系の保全対策としては、湖沼における環境問題の原因とされている対象物質（水、熱、無機物、有機物、栄養塩類、炭素、炭化水素類、有害化学物質など）の湖沼生態系における物質循環のメカニズムを把握し明確にしたうえで[注1)]、「1．湖沼生態系への負荷の低減〔持続可能な循環型水環境の形成（図26）〕」を図り、「2．不健全な湖沼生態系の修復と健全で恵み豊かな湖沼生態系の創出」を推進することが重要となる。

1．湖沼生態系への負荷の低減〔持続可能な循環型水環境の形成（図26）〕

湖沼の環境問題の原因となる対象物質（水、熱、無機物、有機物、栄養塩類、炭素、炭化水素類、有害化学物質など）に関して、図25の「人間社会と湖沼生態

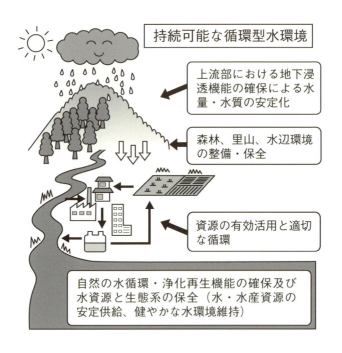

図26 持続可能な循環型水環境の形成 (参考文献3) をもとに作成

系の関わり」(P.39) に示す湖沼生態系における摂取と排出の収支を予測[注2)]して、湖沼生態系の浄化・再生能力の許容範囲を超える摂取や排出はしないよう、人間社会における物質・エネルギーの循環率を高め、湖沼生態系への負荷の低減を図る。すなわち、自然の水循環・浄化再生機能を確保して、持続可能な循環型水環境を形成することである(図26)。

2．不健全な湖沼生態系の修復と健全で恵み豊かな湖沼生態系の創出

　不健全な湖沼生態系の修復と、健全で恵み豊かな湖沼生態系の創出のため、人間の活動と湖沼生態系の不健全化の関係(図27)を明確にして、それに沿って対策を講じ、人間の諸活動と湖沼生態系(物質循環)を調和させ、自然と共生する

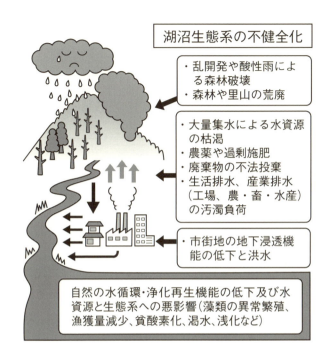

図27　人間活動と湖沼生態系の不健全化の関係　(参考文献3）をもとに作成）

ことが必要である。

基本的な対策

A）湖沼の集水域における自然環境保全地域の指定や規制による原生的な自然の保全、森林・農地・水辺などの維持・形成、生物生息空間や緑地などの整備。

B）湖沼の集水域における山地、里地、平地の植生復元や生物生息環境の修復・保全など。

C）生物多様性条約などに基づく生物多様性の確保や野生動植物の保護管理など。

D）人間の活動によって失われた自然的要素の修復・復元により、湖沼生態系の健全化を図る（バイオマニピュレーションなど）。

　▶流入河川や湖沼沿岸部の水生植物及びその周辺に生息する付着生物や小動物を保護し、これらの生物による水質浄化機能により、河川から湖沼に流

入する汚濁負荷の低減を図る。

> ▶底泥中に根を下ろしていないホテイアオイやウキクサなどの浮葉性水生植物を湖沼に投入し、栄養塩類を取り込んでから収穫する。[注3]

> ▶植物プランクトンを直接食べるハクレンのような魚を放流する。[注3]

> ▶ビオトープづくりを通して、特定の生物（絶滅危惧種など）を生息させるための生活環境を修復・復元する。

E）人間社会から湖沼生態系に排出（液体・固体・気体）する場合、多様な生物が生息する生態系模擬領域（ビオトープ、人工干潟、人工林など）を設け、そこでいったん、馴化・馴致処理を行い、模擬的生態系になじませた後、湖沼生態系に排出する。

注1）　生態系における物質循環のメカニズムが不明瞭な物質は使用（排出・摂取）しないことを原則とする。

注2）　環境問題の原因となる対象物質は、他の物質やさまざまな生物と関連しあっているので、全体観に立って予測することが必要。

注3）　外来生物の人為的な導入は、在来の生物に悪影響を与えることのないよう、事前調査・事後調査など慎重な対応が必要。

参考文献

1章　1.2

1）西條八束・三田村緒佐武著（1995）「新編湖沼調査法」. 講談社サイエンティフィク、10−26 p.

2）岩熊敏夫著（1994）「湖を読む」. 岩波書店、12 p，44 p，61 p，65 p，74 p.

3）吉野　昇　編（1999）「絵とき　環境保全対策と技術」. オーム社、2−3 p，82−83 p，86−87 p，100−101 p.

4）下平利和著（2007）「自然の叡智・生態系に学ぶ次世代環境技術」. ほおずき書籍、44−45 p.

5）下平利和著（2011）「生態系に学ぶ！廃棄物処理技術」. ほおずき書籍、7−24 p

6）国土交通省　水管理・国土保全　湖沼技術研究会「湖沼における水理・水質管理の技術」（平成19年3月）

環境ミニセミナー ビオトープによる修復・復元[3]

ビオトープとは、「生物がすむ場所（生物生息空間）」という意味です。最近では、「生物がすみやすい環境のこと、または生物がすみやすいように環境を改変すること」を指します。ビオトープづくりとは、野生生物の生息・生育環境を保全・修復・創造し、地域の生物の多様性の保全と復元を図ることです。

ドイツでは各地において人工化された水路などを再自然化し、豊かな生物相を回復することにより、環境の改善を図るビオトープ事業が実践されています。我が国でも1990年代頃から環境共生の理念のもとで、公共事業の多自然型川づくり（図28）、ミティゲーション（人間の活動による環境に対する影響を軽減するための保全行為）、里山保全活動などの取組みが全国各地で繰り広げられています。

ただし、ビオトープなど環境の改変を人為的に行うにあたっては、外来種の繁殖などにより在来の生物に悪影響を与えることのないよう、慎重な対応が求められます。

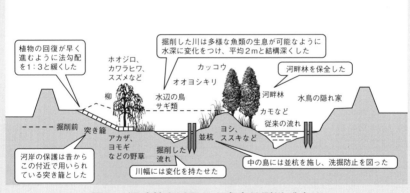

図28　河畔林を活用した多自然型川づくり
出典：国土交通省「多自然型川づくり」

2章

生態系に学ぶ！
湖沼の浄化対策と技術

　本章では、湖沼の水質汚濁の現状、及び原因と課題、さらに、課題を解決するための水質保全対策（特定汚染源対策、非特定汚染源対策、直接浄化対策）、及び湖沼の浄化対策と技術の方法・特徴を取り上げ、「現状における原因と課題を把握し、課題解決のためにはどうしたらよいのか」を考え、課題解決のためには、1章で学んだ食物連鎖や物質循環、自然の浄化・再生機能などを基調とする、生態系の機能を活用した水環境改善技術が重要であることを学ぶ。

1 湖沼の水質汚濁の現状、及び 原因と課題[1)2)]

現状

　湖沼生態系は、水質浄化や水量安定化、温湿度緩和などの機能を有し、自然環境保全のために重要な役割を担っている。人間にとっては、生活用水や工業用水などの安定的な供給源であるとともに、魚介類などの水産資源を育み、また保健休養等レクリエーションの場になるなど、生活と生産活動を支える上で重要な国民的資産である。しかしながら、昭和30年代頃より湖沼周辺における人間の社会・経済活動の活発化に伴って、流入する汚濁負荷が増大して、著しく汚濁が進んだ。

　各公共用水域の有機汚濁に係る水質環境基準（2章　環境ミニセミナー「湖沼における水質環境基準」P.52参照）の達成率をみると、昭和58年度において海域79.8％、河川65.9％であるのに対して、湖沼では40.8％と格段に低くなっており、それ以降の推移をみても改善の兆しは認め難い。最近の達成率をみても、海域が8割程度、河川がほとんどの水域で達成している一方、湖沼では半分程度であり、依然として厳しい状況にある。

　湖沼を含む公共用水域の水質汚濁の防止のため、これまでも水質汚濁防止法による一律排水基準及び上乗せ排水基準の設定と適用、湖沼水質保全特別措置法の制定（昭和59年）と計画に基づく各種規制措置、あるいは下水道整備の対策が講じられてきたが、湖沼の水質汚濁は海域や河川の水域に比べて深刻であり、全般的には改善が進んでいないのが現状である。

　このような背景の中、湖沼の水環境は、藻類の異常繁殖や水草の異常繁茂、貧酸素水塊の形成、貧・富栄養化、異臭味、在来種の減少など、さまざまな現象が発生している。

A）藻類の異常繁殖（アオコ）

　富栄養化の進んだ湖沼や池などで、日射、水温、栄養塩類（窒素、リン）等の

条件が整った場合に、アナベナ属、ミクロキスティス属等のラン藻類等が大量発生し、それらが湖沼や池の表面に浮遊し、水面に緑色の粉やペンキを浮かべたような状態になる、

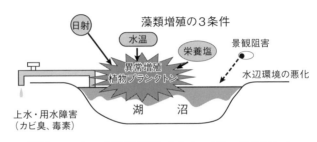

図29　アオコの異常増殖（イメージ）　参考文献2）

これを「アオコ」と呼ぶ。プランクトンの大増殖によって赤色、褐色、藍色、緑色など、さまざまに色付く「水の華」のひとつである。景観阻害や水辺環境の悪化等の影響のほかに、ラン藻類の中には毒素を生成するものがあることが知られており、上水や用水の水源としての利用に問題を生じる（図29）。

B）水草の異常繁茂

特定の浮葉植物や沈水植物などの水草が大量に繁茂して、湖面や湖底を広範囲に覆う異常な状態になる。適度な水草繁茂は、魚類等の産卵や発育、生育の場となり、水質の浄化にも寄与するなど、重要な役割を担っているが、水草の大量繁茂は、湖流の停滞による水質の悪化や底層の貧酸素化、湖底のヘドロ化など従来の自然環境や生態系に大きな影響を与えるとともに、漁業や船舶航行の障害、腐敗に伴う臭気の発生など生活環境にもさまざまな支障をきたす。

C）貧酸素水塊の形成

湖水中の溶存酸素は、流入河川、大気、藻類の光合成活動などによる酸素供給と湖内（湖水及び汚泥）における酸素消費（呼吸、分解等）の収支バランスで決定されるが、成層によって表層水と深層水の交換がほとんどなくなると、この収支バランスが崩れて深層水の酸素消費のみが進行し、底泥の汚濁が著しい場合には貧酸素水塊が形成される。この貧酸素水塊には底泥から溶出した硫化物などが多量に溶け込んでおり、還元性が強く魚介類の生息に大きな影響を与える。また、同様に窒素、リンなどの栄養塩類の底泥からの溶出が進み、湖沼の富栄養化に大きな影響を与える（図30）（2章　環境ミニセミナー「貧酸素水塊の原因　水温・塩分躍層の形成」P.54参照）。

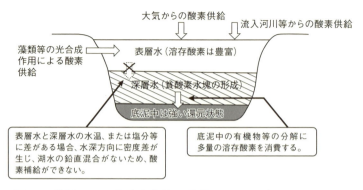

図30　成層による貧酸素水塊の形成のメカニズム　参考文献2）

D）貧・富栄養化

　湖沼の貧栄養化状態では、水中の栄養塩類が少なく、植物プランクトンや付着藻類の生産量も少ないため一次・二次消費量も少なくなり、これに伴い捕食者も少ない。このように貧栄養化状態は、生物全体の生産活動が不活発であり、漁獲量の減少など漁業にも深刻な影響を与える。

　一方、富栄養化状態では、水中の栄養塩類が多く、植物プランクトンや付着藻類が大量に発生し、特にラン藻類が優占的となるほか、原生動物も鞭毛虫類、繊毛虫類の出現頻度が高まる。動物としては、富栄養化の程度にもよるが、巻貝類、魚類もコイ、フナ、ナマズなどが多く出現する。湖沼の富栄養化による藻類の異常増殖や水草の異常繁茂は、pHの上昇、溶存酸素の低下、魚類の大量へい死、悪臭、浄水過程でのろ過障害などの問題を誘起する。

　なお、1章の環境ミニセミナー「富栄養化のメカニズム」（P.27）でも述べたが、藻類などの増殖は植物と同様に、炭素（C）、水素（H）、窒素（N）、硫黄（S）、カリウム（K）、リン（P）、カルシウム（Ca）、鉄（Fe）、マグネシウム（Mg）などの元素を必要とするが、自然水中では通常、窒素とリンが不足しがちになるため、水中の窒素とリンの濃度が富栄養化に大きく影響する。特に、自然界全体でリンが枯渇の傾向にあり、留意することが必要である。

E）異臭味

湖沼、池などで、植物プランクトン等の生物に由来した異臭味（カビ臭、生ぐさ臭等）が発生することがある。カビ臭の原因生物としては、付着性・浮遊性のラン藻類、放線菌等が知られている。我が国では、*Phormidium tenue* をはじめ、ラン藻類によるカビ臭の事例が多い。魚臭・生ぐさ臭の原因生物としては、黄色鞭毛藻類の *Uroglena americana* が知られている。同じ臭気であっても、その原因は湖沼によって異なるから、湖沼ごとに臭気発生のメカニズムを明らかにする必要がある。

F）在来種の減少

全国の多くの湖沼では、昭和30年代頃より湖沼周辺における人間の社会・経済活動の活発化に伴って流入する汚濁負荷が増大して汚濁が進み、この頃より、かつては生息していた在来のさまざまな生物種が減少するようになった。この原因としては、以下のようなことが考えられ、複雑・多岐にわたっている。

▶水質の悪化

　　有機物や窒素・リンなどの栄養塩類のほか、農薬や、化学物質などの内分泌攪乱化学物質の増加など

▶生息環境の悪化

　　河川や湖沼における人工護岸化や、湖岸の土地利用の変化（自然地から街地）などにより、水生植物帯が減少し産卵場所が消失、水流が激しくなり生活環境が消失など

▶外来種の増加

　　貿易や流通などの人間の活動の活発化により、外来あるいは国内他地域の生物が本来は生息していない場所に運ばれ、生息するようになった。

▶地球温暖化

　　溶存酸素の低下、pH の上昇、異常気象（洪水、渇水、日射量・熱）など

環境ミニセミナー 湖沼における水質環境基準[7) 8) 11)]

　環境基準は、人の健康の保護及び生活環境の保全のうえで維持されることが望ましい基準であり、大気、水、土壌、騒音に定められています。環境関連の施策を実施するうえでの目標となっています。

　水質の環境基準は「人の健康の保護に関する環境基準」と「生活環境の保全に関する環境基準」の2種類の項目が設けられており、前者の健康項目にはカドミウムなど27種類の化学物質が対象とされ、後者の生活環境項目は、河川、湖沼、海域ごとに基準値が定められています。表3に、湖沼における水質環境基準（生活環境項目）の概略をまとめました。なお、水質の有機汚濁の代表的指標とされるBODやCODは、生活環境の項目に含まれるものですが、河川ではBOD、湖沼や海域ではCODが使われます（1章　環境ミニセミナー「水質汚濁の指標BODとCOD」P.37参照）。

表3　生活環境の保全に関する環境基準（湖沼）

項目	内容	環境影響
pH（水素イオン濃度指数）	水溶液中の酸性、アルカリ性の度合を表す。	水質が酸性、あるいはアルカリ性になると、水利用に支障があるほか、生息する生物に影響を及ぼす。
COD（化学的酸素要求量）単位mg /L	水中の有機物を加熱分解する時に消費される酸化剤の量を、酸素量に換算したもの。主として、有機物による水質汚濁の指標として用いられており、湖沼及び海域で環境基準が適用される。	CODが高い状態が続くと、水生生物の生息状況（適応性）に影響を及ぼす。
SS（浮遊物質量）単位mg /L	Suspended Solid（浮遊物質量）の略称。懸濁物質ともいう。水の濁り度合を表し、水中に浮遊、分散している粒の大きさが2mm以下、1μm以上の物質を指す。	水の濁りの原因となる浮遊物は、低濃度では影響が少ないが、高濃度では、魚の生息障害、水中植物の光合成妨害等の影響がある。また、沈殿物として、底質への影響がある。
DO（溶存酸素量）単位mg /L	水中に溶けている酸素量のことで、主として、有機物による水質汚濁の指標として用いられている。	常に酸欠状態が続くと、好気性微生物にかわって嫌気性微生物（空気を嫌う微生物）が増殖するようになり、有機物の腐敗（還元）が起こり、メタンやアンモニア、硫化水素が発生し、悪臭の原因になる。また、生物相は非常に貧弱になり、魚類は生息できなくなる。

大腸菌群数 単位 MPN /100mL	大腸菌または大腸菌と性質が似ている細菌の数。主として、人または動物の排泄物による汚染の指標として用いられている。	水中から大腸菌が検出されることは、その水が人または動物の排せつ物で汚染されている可能性を意味し、赤痢菌などの他の病原菌による汚染の可能性が疑われる。
全窒素 （T-N） 単位mg/L	全窒素・全リンは、湖沼や内湾などの閉鎖性水域の、富栄養化の指標として用いられている。水中では、窒素・リンは、窒素イオン・リンイオン、窒素化合物・リン酸化合物として存在しているが、全窒素・全リンは、試料水中に含まれる窒素・リンの総量を示している。	窒素やリンは、植物の生育に不可欠なものであるが、大量の窒素やリンが内湾や湖に流入すると富栄養化が進み、植物プランクトンの異常増殖を引き起こす。湖沼におけるアオコや淡水赤潮の発生や、内湾における赤潮、青潮の発生が問題になる。
全リン （T-P） 単位mg/L		
全亜鉛 （T-Zn） 単位mg/L	亜鉛を含む化合物の総称。排出源は生活系や事業系など多岐にわたる。	大量に流入すると水生生物の生息又は生育に支障を及ぼす。
ノニルフェ ノール （NP） 単位mg/L	繊維産業、金属加工業、工業洗浄など人為的発生源から排出される。	内分泌攪乱作用など水生生物に影響を及ぼす。
直鎖アルキ ルベンゼン スルホン酸 及びその塩 （LAS） 単位mg/L	家庭の洗濯用洗剤、業務用洗浄剤、染色助剤、農薬乳化剤などが発生源となる。	特に水生生物に対して強い有害性がある。

＊ここで湖沼とは、天然湖沼及び貯水量が1,000万㎥以上であり、かつ、水の滞留時間が4日間以上である人工湖をいう。

2章　生態系に学ぶ！　湖沼の浄化対策と技術　53

環境㊢㊢セミナー　貧酸素水塊の原因　水温・塩分躍層の形成

　お風呂を沸かして、浴槽に足を入れたときに、上の方は温かいのに下の方は冷たく、体を入れたときにびっくりして飛び出た経験がある人もいると思います。この現象は、温かい水は軽く（密度が小さく）、冷たい水は重い（密度が大きい）ために、温かい水は上層、冷たい水は下層に分かれて層を形成するために起こります。これと同様なことが汽水湖（淡水中に海水が浸入している湖沼）でも生じています。淡水（あるいは塩分のうすい水）と海水（塩分の濃い水）では、海水の方が重い（密度が大きい）ため、淡水は上層、海水は下層と層を形成し、その境界がはっきりと分かれます。2つの層の境界で、水温が急に変化する層を水温躍層といい、塩分が急に変化する層を塩分躍層といいます。水温躍層や塩分躍層の形成によって表層水と深層水の交換がほとんどなくなると、酸素の収支バランスが崩れて深層水の酸素消費のみが進行し、底泥の汚濁が著しい場合には貧酸素水塊が形成されます（P.50の図30参照）。

道路凍結防止剤の塩カルなども一因か？（筆者の見解）

　近年、スタッドレスタイヤの普及に伴って、走行条件の悪い道路に凍結防止剤を散布する必要が生じ、道路の凍結防止に塩化カルシウムなど塩分が凝固点降下剤として大量に使用されています。冬期に散布された塩化カルシウムなどの塩分は春先の雪解け水とともにいっきに河川を経て湖沼に大量に流入し、塩分濃度が高い水は密度が大きいため、湖内で塩分躍層を形成して、湖沼の貧酸素水塊形成の一因となっているのではないか、と筆者は考えています。これに関する研究データは見当たりませんが、筆者は現在、これに関する研究を進めています。今まで塩分躍層は海洋や汽水湖に見られる現象と考えられてきましたが、海から遠く離れた山間寒冷地の湖沼でも塩分躍層が形成され貧酸素水塊形成の一因となっているとすれば、これは新たな知見です。

原因と課題

湖沼の水環境悪化の原因と課題としては、次の点が考えられる。

① 湖沼は閉鎖性の水域であり水が滞留するため、流入した汚濁物質が蓄積しやすく、その水質が長い期間にわたって汚濁負荷の影響を受ける。このことから、湖沼については他の公共水域に比べ重厚な水質保全対策が必要である。

② 湖沼の水質汚濁の原因が工場等の産業系排水のほか、生活系排水、農・畜・水産系の汚濁負荷など多種多様で広範囲にわたっている（図31：非特定汚染源の概念図）。このことから、湖沼の水質保全のためには、特定の施設を有する工場等の発生源に対して排出規制を行う水質汚濁防止法の対策だけでは十分でなく、それぞれの汚濁原因に応じたよりきめ細かな対策を総合的に講ずることが必要となる。

③ ひと口に水質汚濁が著しい湖沼といっても、それぞれの湖沼の生態系は異なり、また汚濁状況、汚濁原因、利水状況なども違っているので、一律的な対策では改善は難しい。このため、問題のある個々の湖沼とその流域の自然的・社会的諸条件を踏まえて有効で適切な水質保全対策を検討し、総合的に実施していくことが必要である。

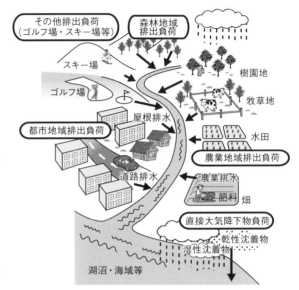

図31　非特定汚染源の概念図　参考文献3）

2 湖沼の水質保全対策[3)]
―特定汚染源対策、非特定汚染源対策、直接浄化対策―

　前述の「原因と課題」①、②、③（P.55）のように、湖沼の水質汚濁は他の公共水域に比べ大きな違いがあり、この特徴を踏まえ水質保全対策を講ずることが必要となる。また、湖沼の集水域の河川生態系や草原・森林生態系などとの関連をも考慮することが必要である。

　湖沼の水質保全対策は、図32に示すように、特定汚染源対策、非特定汚染源対策、直接浄化対策の3つに大きく分けられる。

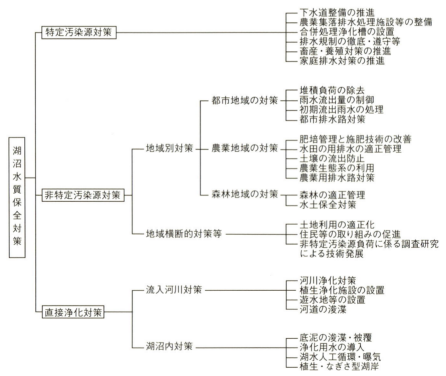

図32　湖沼水質保全対策の体系　　参考文献3）

表4　BOD・窒素・リン高度処理プロセスの種類
（●は効果的に除去可能な対象物質）　　　　参考文献6)

高　度　処　理　プ　ロ　セ　ス			BOD	窒素	リン
生物学的処理法	生 物 膜 法	循環式嫌気・好気生物膜法	●	●	
		流量調整式嫌気・生物ろ過循環法	●	●	
		流量調整式嫌気・担体流動曝気循環法	●	●	
		嫌気・好気流動床・ＵＦ膜法	●	●	
	活 性 汚 泥 法	AO（嫌気・好気活性汚泥）法	●	●	●
		A₂O（嫌気・無酸素・好気活性汚泥）法	●	●	●
		嫌気・好気回分式活性汚泥法	●	●	●
		オキシデーションデイッチ法	●	●	
		ＡＴ（曝気時間）コントローラー式間欠曝気活性汚泥法	●	●	
		DO（溶存酸素）制御回遊式間欠曝気活性汚泥法	●	●	
		嫌気・好気高濃度活性汚泥・ＵＦ膜法	●	●	●
		多孔質スポンジ様担体添加間欠曝気活性汚泥法	●	●	
	包 括 固 定 法	循環式嫌気包括固定化・生物膜法	●	●	
		嫌気・好気包括固定化活性汚泥法	●	●	●
	自 己 造 粒 法	USB（上向流脱窒スラッジブランケット）・好気生物膜循環法	●	●	
物理化学的処理法	吸 着 法	活性アルミナ硫酸アルミニウム吸着法			●
		ジルコニウムフェライト吸着法			●
	電 解 法	鉄電解法、アルミニウム電解法			●
	晶 析 法	晶析脱リン法、接触脱リン法			●
	浮 上 分 離 法	加圧浮上分離法			●
	触媒湿式酸化法	高温高圧分解法	●	●	
	イ オ ン 交 換 法	イオン交換濃縮分離法		●	

　特定汚染源対策は、特定工場などからの排水、家庭からの生活排水など汚染物質の排出源が特定しやすい特定汚染源（点源：Point Source）に対する対策である。近年、閉鎖性水域の富栄養化防止を図る目的で特定汚染源（工場排水、生活排水など）の窒素、リンおよび有機物などを効率的に処理するプロセスが開発・実用化され（表4）、これらのプロセスによって特定汚染源からの汚濁負荷量は減少傾向にある。

　これに対して2つ目の非特定汚染源対策は、市街地、農地、森林等からの流出水といった排出源を特定しにくい非特定汚染源（面源：Non-Point Source）（図31）に対する対策である。発生源別に汚濁負荷量をみると、特定汚染源からの汚濁負荷量は減少傾向にあるものの、非特定汚染源対策は相対的に削減が進んでいないことから、全体として湖沼等の水質改善が進んでいない状況にある。このため、湖沼の水質改善にとって非特定汚染源対策の強化の必要性は極めて高い。非

特定汚染源対策については、平成26年12月、環境省「非特定汚染源対策の推進に係るガイドライン（第二版）（改訂）」が発表されたので、これを参照されたい。

　3つ目の直接浄化対策は、湖沼に流入する河川と湖沼内に対する直接的な浄化対策であり、本書『生態系に学ぶ！湖沼の浄化対策と技術』の対象とする部分になる。

③ 生態系に学ぶ！
湖沼の浄化対策と技術[2)4)]

直接浄化対策の留意点—水質特性（汚濁原因物質）の把握

　湖沼の直接浄化対策を実施するにあたっては、湖沼の水質の特性を把握し、対策と技術の方向性を見いだすことが最優先の課題である。湖沼の水質の性質に及ぼす要因としては、湖盆形状、流入・流出量、滞留時間等が挙げられるが、最も支配的な要因は湖沼における汚濁原因物質の物質収支である。例として、窒素、リンに着目した物質収支の概念図（主な流れ）を図33に示す。湖沼での汚濁原因物質の物質収支を検討し、湖沼へ流入する流入負荷（外部負荷）、湖内での溶出や一次生産などによる内部負荷のどのような要因が湖沼の水質汚濁の原因となっているかを把握し、それに応じた浄化対策と技術を実施していく必要がある。

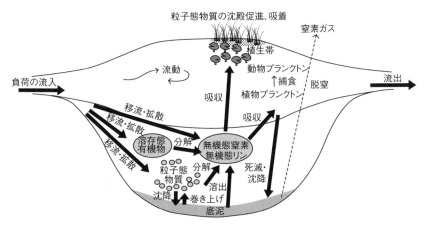

図33　湖沼の水質特性概念図（窒素、リンに着目）　参考文献2）

湖沼の直接浄化対策（方法と特徴）

　湖沼の直接浄化対策は、水中の汚濁原因物質（有機物や窒素・リンなどの栄養塩

類、農薬などの有害化学物質）を除去及び水中の貧酸素状態の改善などの水質に対する浄化（改善）と、湖底の汚濁原因物質の除去などの底質に対する浄化（改善）の２つに分けられ、それぞれに物理化学的方法と生物学的方法がある。この２つの方法には特徴があり、目的・用途に適った活用が必要となる。

　以下に湖沼の直接浄化対策の主な方法と特徴を示す。

【湖沼の浄化対策】

〔方法〕

１．水質浄化（改善）…水質の富栄養化、貧酸素化などの改善技術

▶物理化学的方法

　凝集沈殿、接触沈殿、ろ過、曝気循環、導水（トレンチなど）、リン回収　他

▶生物学的方法

　接触酸化、植生浄化、微生物製剤・酵素利用、生物環境整備（藻場、浅瀬、干潟、バイオマニピュレーション[注]など）

２．底質浄化（改善）…底質からの汚濁負荷低減技術

▶物理化学的方法

　底泥酸化（曝気）、浚渫（底泥除去）、覆砂（封じ込め）、栄養塩類不活性化、紫外線照射　他

▶生物学的方法

　生物環境整備（バイオマニピュレーション[注]など）

　　　　　　　　　注）２章　環境ミニセミナー「バイオマニピュレーションとは」（P.63）参照

〔特徴〕

１．物理化学的方法の特徴

▶長所

　・速効性がある。

　・局所的な浄化対策に有効である。

▶短所

　・pH調整剤、凝集剤などの化学薬剤や、紫外線などのエネルギー（光・熱・波動など）を使用するため、生態系への悪影響が懸念される。

・曝気、導水、浚渫、覆砂（封じ込め）などの物理化学的手法は、異なる生物種にとっては生息環境が悪化してしまう場合があるため、さまざまな生物への影響を事前に評価することが必要となる。また、同じ生物種であっても改善と悪化の両面が生じる場合があり、バランスに留意が必要である。
・曝気、撹拌、ろ過圧など、莫大なエネルギーを消費する。また操作が煩雑である。
・処理プラントなど設備費が高価である。
・エネルギーや薬剤、処理材など運転・維持管理費が高価である。
・沈殿汚泥や目詰まり汚泥の除去など維持管理が煩雑である。また、除去した汚泥の処理に課題がある。

２．生物学的方法の特徴

▶長所
・自然の浄化・再生機能を活用するため、生態系への悪影響が少ない。ただし、汚濁原因物質に関連する物質循環を把握する必要がある。
・自然の浄化・再生機能を活用するため、処理プラントなどの設備費が安価である。
・自然の浄化・再生機能を活用するため、大きなエネルギーや薬剤などは使用せず、運転・維持管理費が安価である。

▶短所
・湖沼生態系における汚濁原因物質に関連する物質循環が複雑であり、生態系に関する知識や浄化技術に熟練を要する。
・さまざまな生物への影響を評価しながら、生態系のバランスに配慮することが必要である。
・遅効性である。また、復元するのに時間を要する。

生態系に学ぶ必要性

　物理化学的方法は、速効性はあるが生態系への悪影響が懸念され、また、大きなエネルギーを消費するとともにイニシャルコスト、ランニングコストともに高コストである。このため、特定汚染源や非特定汚染源などの限定された量の水質

浄化には有効であるが、河川や湖沼などの生態系に広範囲に拡散された汚濁原因物質に対する浄化には適さない。これに対して生物学的方法は、生態系に関する知識や浄化技術に熟練を要するものの、自然の浄化・再生機能を活用するため、生態系への悪影響が少なく、イニシャルコスト、ランニングコストともに低コストであり、河川や湖沼などの生態系に広範囲に拡散された汚濁原因物質に対する浄化に有効である。したがって、湖沼の直接浄化対策では、生物学的方法を主体的に用いて、速効性のある物理化学的方法は、補完的あるいは緊急的に用いることが適切であると考える。

　1章1.2⑤の「湖沼の汚濁は、生態系の乱れ…不健全化」(P.39)でも述べたが、湖沼生態系での物質循環が損なわれない自己浄化・再生の範囲であれば、人間の諸活動に伴って汚濁物質を排出したり、資源を摂取しても湖沼生態系の破壊は起こらない。湖沼の汚濁は、湖沼生態系への負荷が増大、及び自己浄化・再生機能の低下によって、湖沼生態系の自己浄化・再生機能が対応しきれなくなってしまった結果である。そこで、これを補うために生物学的方法を主体的に用いた浄化技術、すなわち生態系の機能を活用した水環境改善技術を用いて、物質循環が損なわれない健全な湖沼生態系を確保することで、水質汚濁などの湖沼の現状における課題を解決することが可能となる。ここに、生態系の食物連鎖、物質循環、自然の浄化・再生機能など、生態系を基調にした水環境改善技術の必要性がある。

参考文献

2章

1）環境省「湖沼水質保全特別措置法の背景及び制定について」(平成19年9月).
2）国土交通省　水管理・国土保全　湖沼技術研究会「湖沼における水理・水質管理の技術」(平成19年3月).
3）環境省「非特定汚染源対策の推進に係るガイドライン（第二版）（改訂）」(平成26年12月).
4）関東経済産業局「水環境改善技術集」(平成19年3月).
5）国立環境研究所ホームページ「環境儀No.09」、コラム「バイオマニピュレーション」.
　(http://www.nies.go.jp/kanko/kankyogi/index.html)

6）吉野　昇　編（1999）「絵とき　環境保全対策と技術」．オーム社、102-103p.

7）国立環境研究所ホームページ「環境展望」、環境技術解説（2015）「湖沼等の水質浄化技術」．
　（http://tenbou.nies.go.jp/science/description/detail.php?id=102）

8）国立環境研究所ホームページ「環境数値データベース」、環境GIS（2015）「公共用水域の水質測定結果データの説明（測定物質について）」．
　（http://www.nies.go.jp/igreen/explain/water/sub_w.html）

9）諏訪湖浄化対策研究委員会「諏訪湖浄化に関する研究—湖沼汚濁への挑戦—」（昭和43年7月）．

10）中村一雄他（1957）「ソウギョによる溜池の除草試験」淡水研資料（23、1-17）．

11）環境省ホームページ（2016）「水質汚濁に係る環境基準」．

環境㊤㊦セミナー　バイオマニピュレーションとは[5]

　食物連鎖の上位に位置する魚の捕食の影響は、食物連鎖の構造に沿って下位の植物プランクトンや水質にまで順に影響を及ぼします。たとえば魚食魚が少ないと、動物プランクトンを食べる魚が多くなって動物プランクトンが食べられて減って、その結果、植物プランクトンの量が増え、湖の透明度が下がります。逆に魚食魚が多いと、動物プランクトンを食べる魚が減って動物プランクトンが増え、増えた動物プランクトンによって植物プランクトンが食べられて減少し、湖の透明度が上がります。この食物連鎖を利用して、人為的な操作によって湖沼の水質浄化や生態系の管理を行うことをバイオマニピュレーション、直訳して生物操作といいます（図34）。北米などでは、湖沼にブラックバスなどの魚食魚を放流することで動物プランクトン食魚を減らし、その結果大型の動物プランクトンを増やして植物プランクトンを減少させる試みが実際に行われています。また、水草を食する鯉科のハクレンやコクレンなどの草食魚を放流することで、富栄養化の原因となる植物プランクトンや異常繁茂のヒシ・藻類を減少させる試みも行われています[9][10]。ただし、ブラックバス（外来魚）などが在来の生物に壊滅的な打撃を与えていることが日本で問題となっているように、外来魚が湖沼の生態系に予期しない変化をもたらした例は世界各地で報告されています。外来魚に限らず人為的な魚の導入には慎重な対応が求められています。

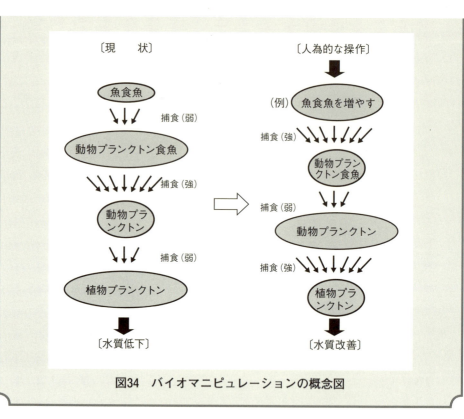

図34 バイオマニピュレーションの概念図

3章

さまざまな湖沼浄化対策と技術
―生態系の機能を活用した水環境改善技術―

　2章では、湖沼の水質汚濁の現状における課題を解決するためには、生態系の機能を活用した水環境改善技術が重要であることを学んだ。

　本章では、湖沼の富栄養化状態や貧酸素化状態などの改善・解消のための浄化対策として、主に、生態系の機能を活用した、さまざまな水環境改善技術をあげて紹介する。

　湖沼の浄化対策は、3.1の水中の汚濁原因物質（有機物や窒素・リンなどの栄養塩類、農薬などの有害化学物質）の除去及び水中の貧酸素化状態の改善などの水質に対する浄化（改善）と、3.2の湖底に堆積した汚濁原因物質の除去などの底質に対する浄化（改善）の2つに分けられる。

3.1 水質浄化（改善）
—水質の富栄養化、貧酸素化などの改善技術—

　ここでいう水質浄化（改善）とは、水中の汚濁原因物質（有機物や窒素・リンなどの栄養塩類、農薬などの有害化学物質）の除去及び水中の貧酸素状態の改善など、湖沼の水質の浄化（改善）を図ることを指す。湖沼の沖部と沿岸部、及び流入河川の流入部を含む範囲を対象とする。

　ここでは、以下に示す水質浄化（改善）方法①〜⑨の手法、効果、課題、用途について紹介する。

① 植生を活用する方法（植生浄化法） ………………………………………… 67

② 土壌に浸透させる方法（土壌浄化法と植生浄化法） ……………………… 71

③ 湖沼内の水草を刈り取る方法 ………………………………………………… 73

④ 二枚貝等の浄化機能を活用する方法 ………………………………………… 76

⑤ 接触酸化法 ……………………………………………………………………… 79

⑥ 人工内湖（沈殿ピット）による水環境改善方法 …………………………… 82

⑦ 活性汚泥投入・凝集沈殿法（沈殿ピットと組み合わせた方法） ………… 85

⑧ 水位調整による水環境改善方法 ……………………………………………… 90

⑨ 曝気による水環境改善方法 …………………………………………………… 95

1 植生を活用する方法（植生浄化法）[1]

【手法】

　本法は、水生植物の植生を活用した方法である。自然または人工的に造成された湿地などの水域に水生植物を繁茂させて、ここに水を流して水質浄化する方法である（図35）。水はそれらの植生域を湛水（バッチ処理）・通過（連続処理）しながら地表面を流れ浄化される。活用する植生には抽水植物、浮葉植物、沈水植物等があるが、本来のその場に生育していた種を選択し、外来種は持ち込まないことを原則とすることが重要となる。また、事前に、それらの植生の湖沼生態系における経歴（水質に及ぼす影響の善悪などの履歴）を調べておく必要がある。さらに、効率的な施設設計や運転管理を行うため、窒素、リンなど水質項目の浄化における植生の作用、根圏微生物の作用など、浄化メカニズムについて解析し、汚濁負荷量に対する窒素・リンなどの除去速度（$g/m^2/day$）を定量化することが必要である。維持管理においては、そのまま植生を放置すると、枯死体の腐敗

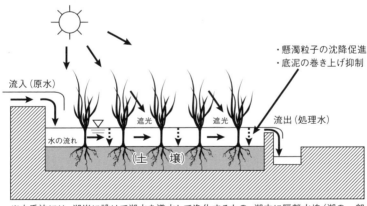

※本手法には、湖岸に設けて湖水を導水して浄化するもの、湖内に隔離水塊（湖の一部をシートなどで囲む）を設けて、そこに植生を根付かせて浄化するもの、特殊基材を用いて、そこに植生を根付かせ浮島などで適用するものがある。

図35　植生を活用する方法（植生浄化法）の概念図（流入部等で行う場合）　参考文献1）

3章　さまざまな湖沼浄化対策と技術　67

などに伴い貧酸素化の影響や有機汚濁負荷の増加を招くため、植生を刈り取って湖外へ除去することが肝要となる。

【効果】

▶　期待される効果のひとつとして、植生の生長に伴って湖沼の富栄養化の要因になる栄養塩類が吸収されることが挙げられる。ヨシ等の抽水植物や浮葉植物は根より土壌中の栄養塩類を吸収し、沈水植物やヒシ等は水中の栄養塩類も吸収する。

▶　水生植物の水中部分に付着する生物と、それらを餌にするユスリカ類、貝類、昆虫類などのさまざまな小動物による水質浄化の効果が期待できる。

▶　水生植物の根圏部には、硝化・脱窒菌、メタン酸化細菌、原生動物、微小後生動物などが生息して、窒素除去、亜酸化窒素発生抑制、メタンの二酸化炭素へのガス質転換の効果が期待できる。亜酸化窒素やメタンは温室効果のポテンシャル[注]が高く、地球温暖化対策にも有効である。[8]

　　　注）亜酸化窒素（N_2O）の温室効果ポテンシャルは二酸化炭素（CO_2）の200〜300倍、メタン（CH_4）は二酸化炭素（CO_2）の20〜30倍

▶　植生の存在により風速、波浪、流れが減衰されやすくなることから、懸濁物質の沈降や粒子物質のろ過が促進し、また底泥の巻き上げが抑制され、それに伴い透明度向上といった物理的な水質浄化の効果が期待できる。

▶　水生植物が繁茂した葉・茎の遮光等による植物プランクトン抑制といった効果が期待できる。ただし、その一方で光合成生物からの酸素供給量が少なくなり、底層の貧酸素化を促すことが考えられる。

【課題】

植生を刈り取らないと、栄養塩類を含む植生が枯死して堆積し、その結果、枯死体が微生物によって分解し、有機物や栄養塩類（窒素、リン）が溶出し、汚濁負荷が増加する。さらに、微生物による酸化分解に伴い溶存酸素が消費され、低酸素化が進行する。また、植生の存在によって、水中の懸濁物質の沈降や粒子物質のろ過が促進し浄化される一方で、これらの物質の堆積が促進し、底泥の嫌気化（腐敗）が懸念される。このため、植生を用いた水質浄化対策を行う場合は、植生の刈り取りや植生の枯死体等の堆積物の除去などを定期的に行うことが必要で

ある。特に植生の異常繁茂は、枯死体や懸濁・粒子状物質の堆積、流動障害（水の滞留）、大気からの酸素供給遮断等により、底層の貧酸素化などの水質悪化、悪臭発生のほか、漁船の航行阻害、生態系の変化、景観悪化など大きな影響を与えるため、刈り取る時期とその量、堆積物除去の時期とその量など、きめ細かい適切な維持管理が必要である。

【用途】

植生浄化法は、湖沼へ流入する汚濁負荷量（有機物、栄養塩類等）が多く、その低減を図りたいときなど、流入河川（流入部）や湖沼の沿岸部等で適用することができる。

環境ミニセミナー 刈り取った水生植物など　バイオマスは資源化しよう！[7) 12)]

植生を用いた水質浄化対策を行う場合は、定期的に、水生植物の刈り取りなどを行い、刈り取った水生植物を湖沼外へ搬出することが必要になります。刈り取った水生植物は、一部では堆肥化され資源として有効に使われているものの、多くのところでは廃棄物としてみなされ、処分に苦慮しています。

水生植物・枯死体、浚渫汚泥（腐敗性汚泥）は有効なエネルギー・資源です！

刈り取った水生植物や枯死体、浚渫汚泥（腐敗性汚泥）などバイオマスを資源化することができれば、植生浄化法や浚渫法は水環境改善と資源生産の両者を同時に達成することができ、持続可能な循環型社会に適った、環境にやさしい方法として発展させていくことが可能になります。

以下に示すように、刈り取った水生植物（バイオマス）を資源として有効活用する試みが多々行われています。近年、特に水生植物や腐敗性汚泥（下水汚泥）などバイオマスのエネルギー資源への転換が注目を集めており、直接燃焼による熱回収や発電、熱化学変換による炭、オイル、可燃ガスへの変換、生物変換によるメタン・水素生産、エタノール化などが対象となっています（図36）。詳細は、拙著『生態系に学ぶ！廃棄物処理技術』（ほおずき書籍）を参照してください。また、

3章　さまざまな湖沼浄化対策と技術　69

植物性バイオマスや腐敗性汚泥を発酵させ、発酵熱によって乾燥して固形燃料を生産する、筆者の技術も本書「付録資料」①（P.113）に掲載していますので参考にしてください。

水生植物（バイオマス）の資源化の例

◆ 肥料（コンポスト化）

◆ エネルギー（固形燃料、メタン発酵、エタノール生産など）

◆ 工芸品等（よしず、麻袋、紙製造など）

◆ 観賞用植物として利用（水草など）

◆ 飼料・食糧・薬用（有害物質などを含まない場合に限る）

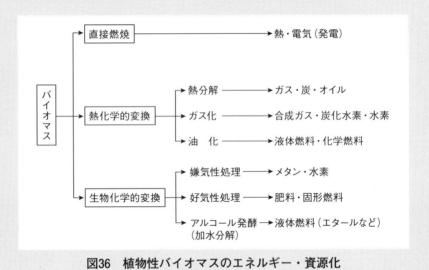

図36　植物性バイオマスのエネルギー・資源化

2 土壌に浸透させる方法
（土壌浄化法と植生浄化法）[1]

【手法】

　本法は、自然または人工的に造成された土壌層（湿地）の水域に水生植物を繁茂させて、土壌層の表面に水を流して浄化するとともに、透水材を配する土壌層中を浸透させ浄化する方法である（図37）。植生を用いず、土壌層中を浸透させることのみで浄化する方法もある（土壌浄化法）。

　維持管理においては、透水量確保のための透水材の管理や、植生を用いる場合の植生の刈り取り、枯死体の除去が必要になる。

【効果】

▶ 植生浄化法と併用する場合、前述の① (P.67) に記載する効果が期待できる。
▶ 透水材を設けた土壌層中を浸透させることにより、水中の懸濁物質や粒子状物質が除去される（ろ過効果）。
▶ 土壌層中の透水材や土・砂・れきの表面には細菌、藻類、原生動物などの微

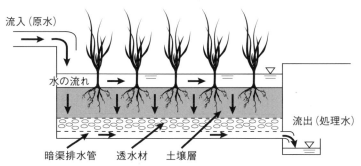

※本手法は、河口付近に設けて河川水を流入させて浄化後、湖沼に放流するもの、湖岸に設けて湖水を導水して浄化するものなどがある。

　　図37　土壌に浸透させる方法（土壌浄化法と植生浄化法）の
　　　　　概念図　参考文献1）

生物及び微小動物などで構成される生物膜が形成され、この生物膜によって水中の有機物や栄養塩類（窒素、リン）が分解・除去される（汚濁負荷低減効果）。

▶ 　上述のように土壌・植生浄化法は、ろ過効果や、微生物による汚濁負荷低減効果が期待でき、植生浄化法より効率の高い水質浄化の効果が期待できる。

【課題】

▶ 　植生浄化法と併用する場合、前述の①（P.67）と同様の課題がある。

▶ 　浄化処理できる量は透水量で決まり、その量によって水質浄化の効果が左右される。適当な透水量を確保するため、定期的に透水材及び土壌層の目詰まりの低減を図る維持管理（透水材の入れ替え、洗浄、干し上げ、堆積物除去など）が必要となる。

▶ 　施設に使用する透水材の種類や量（ろ過速度）によって水質浄化の効果が左右されるため、実験データや経験に基づき設計することが必要である。

▶ 　流入水の汚れが高濃度・高濁度の場合、透水材の目詰まりが進行しやすいので、施設へ流入させる前に沈殿ピットのようなものを設けておくことが望ましい。これは、豪雨時など、流入水の水量や水質が変動する場合にも有効である。

▶ 　植生浄化のみの方法に比べて、効率の高い水質浄化の効果が期待できる一方で、イニシャルコスト、ランニングコストのコスト負担が大きい。

【用途】

　土壌浄化法は、湖沼へ流入する汚濁負荷量（有機物、栄養塩類等）が多く、その低減を図りたいときなど、流入河川（流入部）等で適用が可能である。湖内での活用は、土壌層への浸透が困難のため、適用は難しい。

3 湖沼内の水草を刈り取る方法[1]

【手法】

　本法は、湖沼内等に繁殖した水草[注]を刈り取る方法である（図38）。適度な水草の繁茂は、魚類等の産卵や発育、生育の場となり、水質の浄化にも寄与するなどの重要な役割を担っているが、最近、湖沼では水草の異常繁茂により有機汚濁負荷の蓄積・増加や貧酸素化、景観悪化、航行阻害等の影響が見られ、その影響低減が喫緊の課題となっている。湖沼内の水草を刈り取る方法は、そのことを勘案した速効性のある対策である。湖沼内の水草を刈り取ることにより、有機物である水草に吸収されている栄養塩類等を湖沼外へ持ち出すこととなり、湖沼内における有機汚濁負荷の蓄積・増加の抑制や栄養塩類等の削減が期待できる。また水草の異常繁茂による諸々の影響の低減も見込まれる。さらに栄養塩類を含む刈り取った水草は、肥料として農地に還元することができ、持続可能な循環型環境に適応する（環境ミニセミナー「刈り取った水生植物などバイオマスは資源化しよう！」P.69参照）。

　注）ここでいう「水草」とは、沈水植物や抽水植物、浮葉植物、湿性植物などの水生植物、海藻・海草などをいう。

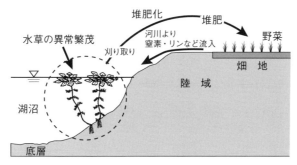

図38　湖沼内の水草を刈り取る方法の概念図　　参考文献1）

【効果】

▶ 湖沼内の水草を刈り取ることにより、有機物である水草に吸収されている栄養塩類等を湖沼外へ持ち出すこととなり、湖沼内における有機汚濁負荷の蓄積・増加の抑制や栄養塩類の削減を図ることができる。

▶ 水草をそのまま放置すれば、含まれている栄養塩類等が枯死に伴って水中に溶出するが、刈り取ることにより、これを防ぐことができる。

▶ 水草の異常繁茂による有機汚濁負荷の蓄積・増加や貧酸素化、景観悪化、航行阻害等の影響を低減することができる。

▶ 栄養塩類を含む刈り取った水草は、肥料として農地に還元することができ、持続可能な循環型環境に適応する（環境ミニセミナー「刈り取った水生植物などバイオマスは資源化しよう！」P.69参照）。

▶ ヒシなどの浮葉植物の刈り取りによって、太陽光が水中深くまで達し、水中の植物等の光合成の促進に伴い、溶存酸素の改善が期待できる。またヒシなどの浮葉植物の刈り取りにより、大気中の酸素の湖面からの吸収量の増加や、水の流動（波動）の促進による溶存酸素の増加も期待できる。したがって、溶存酸素の改善による水質浄化（酸化分解）の機能は向上するが、一方では水草の遮光に伴う植物プランクトンの増殖の抑制効果は低減する。

【課題】

▶ 刈り取り後にしばらくしてから水草が再生して繁茂することがある。これは、水草を刈り取っても完全に刈り取りされていないことや種子が残ることなどによるものと考えられる。したがって刈り取りにあたっては、水草の生育期間や種子を見据え、効果的な刈り取り時期や手法を検討する必要がある。事例として、成長する前のできるだけ早い時期の刈り取り、根こそぎの刈り取り、種子を残さない刈り取りなどがあげられる。

▶ 異常繁茂した水草の刈り取りは作業負担が大きく、コストが嵩む。その割には、湖沼全体に対しては栄養塩類等の汚濁負荷の削減効果は小さい。

▶ 水草の刈り取り作業を効率良く、効果的に行うためには、水草の刈り取り量が多いこと、水草刈り取り船の導入など機械化することが必要となる。

▶ 刈り取り後の水草の処理に多くの難点がある。例えば、刈り取った水草を堆

肥化する際、乾燥作業が天候の影響を受け水草が腐敗すること、保管時にカビを発生すること、ごみ等の混入などで肥料としての品質が低下すること、肥料等の利用の需要先の確保が困難なことなどである。

▶ 刈り取った水草の利用方法の確立が重要な課題となっている（環境ミニセミナー「刈り取った水生植物などバイオマスは資源化しよう！」P.69参照）。

【用途】

現に水草の異常繁茂により有機汚濁負荷の蓄積・増加や貧酸素化、景観悪化、航行阻害等の影響を受けている湖沼に有効である。

4 二枚貝等の浄化機能を活用する方法[1]

【手法】

本法は、二枚貝が元来有する浄化機能を活用する方法である(図39)。シジミやアサリなど二枚貝は、懸濁物食者といい、湖水中のプランクトンや栄養塩類等を濾しとって食べ、同化産物として窒素等を体内に蓄積するなどの浄化作用を有している。さらに、二枚貝は漁獲や鳥類などによる捕食(食物連鎖)により湖外に持ち出されることで、湖沼内に繁殖した水草を刈り取る方法と同様に湖内の栄養塩類等の汚濁負荷を削減することができる。ただしシジミ等の場合、生息するには底質が砂質である必要がある。また底層の嫌気化に伴って発生する硫化水素等の影響が小さいことが必要である。これらのことを踏まえると、二枚貝の浄化機能の活用を促進する取組みとしては覆砂などによって底質を良好に保つことが挙

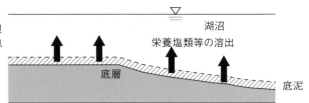

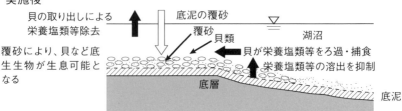

図39 二枚貝等の浄化機能を活用する方法の概念図　参考文献1)4)

げられる。

　覆砂は底質を砂質に変えるほか、底層の嫌気化を改善することから、硫化水素等の発生を低減するなどの底質改善を図ることになるため、水質浄化効果をもたらすシジミ等の生息場を創出・再生することにつながり、シジミ等による浄化機能の促進が期待できる。

　また、底泥の腐敗が軽度の場合、底質をシジミ等の生息に適した環境に改善するため、湖底の表層を撹拌する湖底耕うんが有効である。湖底耕うんは、底質の好気的環境を保持し、底質硬化を防止、浮泥を除去及び水草を除去する技術として比較的容易な手法であることから、全国的に漁業者の間で取り組まれており、底質ヘドロ化や底質硬化の改善、水草異常繁茂の改善・抑制の効果が期待できる[11]。

【効果】

▶　シジミやアサリなど二枚貝は、懸濁物食者といい、湖水中のプランクトンや栄養塩類等を濾しとって食べ、水中の懸濁物質をろ過する効果がある。

▶　シジミやアサリなど二枚貝は、湖水中のプランクトンや栄養塩類等を食べ、同化産物として窒素等を体内に蓄積する。窒素等を体内に取り込んだ二枚貝が漁獲や鳥類などによる捕食（食物連鎖）により湖外に持ち出されることで、湖内の栄養塩類等の汚濁負荷を削減することができる。

▶　排出するフンは底生生物の食物源となり、またバクテリア増殖の基質となり、物質循環のバランスが向上し、湖沼生態系の健全化に重要な役割を担う。ただし、一方で、フンには窒素、リンなどが溶出しやすい形態で含まれていることに留意が必要である。

▶　シジミ等が生息するには底質が砂質であること、また底層の嫌気化に伴って発生する硫化水素等の影響が小さいことが必要であり、覆砂などで生息環境を整備することが前提になることから、底泥からの栄養塩類等の溶出や底層の貧酸素化が抑制される。

【課題】

　覆砂によって底質が改善され、水質浄化につながる可能性に期待できるが、覆砂水域を区画することが難しく、近くの未覆砂水域で嫌気化（貧酸素化）等によ

り水質が悪化していると、湖水の流動現象^{注)}によって覆砂水域にも影響を及ぼす
おそれがある。また、時間の経過とともに湖水に拡散している懸濁物質などが沈
降し、再び底質が悪化して、シジミ等が生息できない環境に戻ってしまう。した
がって本法では、波等の流動現象の影響の少ない場所など、場所の選定が重要と
なる。また、実施後の状況把握（モニタリング）と、その結果に応じた対策を講
じつつ、シジミ等が持続的に生息できる健全な生態系を形成することが重要とな
る。

　また、底質の硬度が高くなるとシジミ生息密度が低く、底質の硬度が低いとシ
ジミ生息密度が高くなり、底質硬度の改善がシジミ生息密度の改善につながるこ
とが示唆されており、必要に応じて湖底耕うんを行って、湖底の表層を撹拌する
ことで、底質の好気的環境を保持し、底質硬化を防止、浮泥を除去及び水草を除
去して、シジミ等の生息に適した環境を形成することも検討したい。ただし、腐
敗が著しい底泥の場合は、湖底耕うんによって、硫化水素やメタンガスが発生す
るなどかえって水質が悪化することも考えられる。さらに、耕うんの深さによっ
て、過去に流入して深くに堆積した有害物質（重金属類、ＤＤＴ類、環境ホルモ
ン類など）が湖底の表層近くに露出し、水中に溶出することも考えられる。この
ため、湖底耕うんは、事前の底質調査と、その結果に応じた対応が必要となる。
注)湖水の流動現象には、流出入による流れ、風による流れ、水温差に伴う密度流などがある。

【用途】

　上述のように本法は、実施後の状況把握（モニタリング）と、その結果に応じ
た対策を講じつつ、シジミ等が持続的に生息できる健全な生態系を形成すること
が最も重要となる。したがって本法の用途としては、現状の湖沼の水域全体の中
で、シジミ等が生息しやすい環境に最も近い場所（範囲）を限定して設定し、そ
の場所で本法を実施して、状況把握（モニタリング）とその結果に応じた対策を
講じつつ、状況判断しながら少しずつ範囲を拡大していくことが望ましい。

5 接触酸化法[2]

【手法】

　本法は、砂・れきなどのろ材で造られた堤体部に水を流し、砂・れきなどの表面に生息する微生物の生物膜に接触させて水中の懸濁物質や溶解している有機汚濁物質を微生物の浄化機能を利用して除去する方法である（図40）。この生物膜は一つの生態系を構成しており、水中の懸濁物質等を細菌、菌類が摂取し、藻類が吸着し、さらにこれらの微生物を原生動物あるいは後生動物（原生動物を摂取するものもある）が摂取するという食物連鎖が生物膜の中で起こっており、これらの生物群が水処理に重要な役割を演じる。生物膜は一般に好気性層と嫌気性層から構成され、水中の有機汚濁物質を酸化分解して増殖・肥大化した好気性層を嫌気性層が嫌気的に分解し、この分解が進むと嫌気性層が肥大化して担体（砂・れき）から脱落する。その後には新しい生物膜が形成される（図41）。生物膜による水処理は、汚濁負荷や環境条件（水温、水流など）の変動に対しても比較的に安定した処理が行われる。

【効果】

▶　砂・れきなどのろ材とそこに形成された生物膜に水を通すことにより、水中

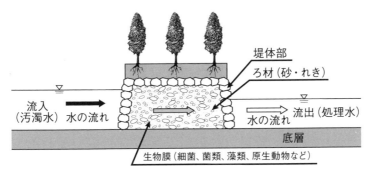

図40　接触酸化法の概念図　（参考文献2）をもとに作成）

3章　さまざまな湖沼浄化対策と技術　79

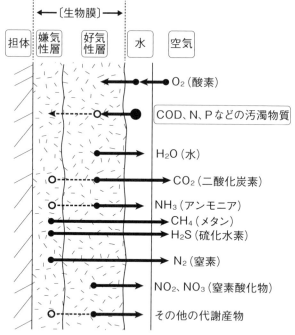

図41 生物膜による汚濁物質の分解と代謝 （考参文献9）をもとに作成

の懸濁物質や粒子状物質が除去される（ろ過・吸着効果）。
▶ 生物膜の接触酸化により、水中の有機物や栄養塩類（窒素、リン）が分解・除去される（汚濁負荷低減効果）。
▶ 上述のように生物膜の接触酸化は、ろ過効果や、微生物による汚濁負荷低減効果が期待でき、汚濁負荷や環境条件（水温、水流など）の変動に対しても比較的に安定して、効率の高い水質浄化の効果が期待できる。
▶ 接触酸化法は、好気性と嫌気性の両方の微生物によって汚濁物質を浄化することができ、汚泥の発生量が少ない利点がある。

【課題】
▶ ②（P.71）の土壌に浸透させる方法（土壌浄化法）と同様に、堤体部への流水量（通過速度）によって水質浄化の効果が左右され、適当な流水量（通過速度）を確保するため、定期的にろ材の目詰まりの低減を図る維持管理（目詰ま

り除去、洗浄、干し上げなど）が必要となる。また、流水量（通過速度）は、堤体部に使用するろ材の種類や形状、量によってきまるので、実験データや経験に基づき設計することが必要である。

▶　流入水が高濁度の場合、ろ材の目詰まりが進行しやすいので、施設へ流入させる前段に沈殿ピットのようなものを設けておくことが望ましい。これは、豪雨時など、流入水の水量や水質が変動する場合にも有効である。

【用途】

接触酸化法は、湖沼へ流入する汚濁負荷量（有機物、栄養塩類等）が多くその低減を図りたいときなど、流入河川の流入部等で適用が可能である。なお、閉鎖性の高い海域に石積み浄化堤を設け、生物膜への接触酸化によって、大量に発生する植物プランクトンが浄化され透明度が改善された事例もあり、湖沼においても潮の干満（潮流）のように水の流れに変化がある場合は、沿岸部への適用が可能である。

6 人工内湖（沈殿ピット）による水環境改善方法

【手法】

　ここでいう人工内湖は、流入河川の河口に設けた泥溜（特に大きい粒径の物質を除去）及び沈殿ピット（沈殿池）と、その周囲に設けた仕切り堤によって構成される（図42）。通常、河川から湖沼に流入する汚濁物質のうち、沈降速度が大きい懸濁物質や粒子状物質はすぐに沈降し、堆積するが、沈降速度の小さい物質は沈降せず、流れによって沖に運ばれる。ここに仕切り堤を設けることによって、流れが遅くなり（人工内湖における滞留時間が長くなり）、沈降速度の小さい懸濁物質や粒子状物質も沈降させることができる。

　仕切り堤は、大きい石を湖面の上まで積み上げたもので、この石の間から湖沼域に水が流れる。仕切り堤を設置する範囲（面積㎡）と平均水深（m）によって人工内湖の容量（㎥）が決まり、河川からの流入量（㎥/h）と湖沼域への流出量（㎥/h）から人工内湖における滞留時間（h）が決まり、これによって沈降する懸濁物質や粒子状物質の粒径・量が左右される。沈降した懸濁物質や粒子状物質は湖底に掘った沈殿ピット内に堆積し、沈殿ピット内に堆積した底泥は定期的に除去して、嵩上げ用の盛り土などに利用される。

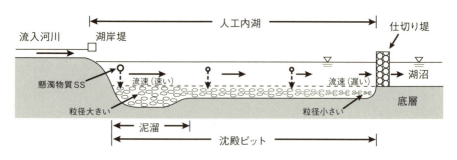

図42　人工内湖（沈殿ピット）による水環境改善方法の概念図

なお、仕切り堤のなかには、堤体が水面下に没した構造物（潜堤）があり、この堤体の高さ・幅を設定して、波浪の勢いを抑制し、堤内に波の小さい水域や浅瀬の生物生息環境を形成することもできる。

【効果】

▶ 沈降速度の小さい懸濁物質や粒子状物質も沈降させて、除去することができる。沈降した物質は、土砂などの無機性の物質だけでなく、有機性の物質も含まれ、これを除去することにより、湖沼の有機汚濁負荷の低減を図るとともに、腐敗などに伴う貧酸素化の影響を未然に防ぐことができる。

▶ 特に大雨など、出水時の汚濁負荷量（懸濁物質、有機物、栄養塩類等）の低減に有効である。

▶ 仕切り堤の存在により流れや波浪が減衰されることから、懸濁物質や粒子物質の沈降が促進し、また底泥の巻き上げが抑制され、それに伴い透明度向上といった物理的な水質浄化の効果が期待できる。

▶ 仕切り堤の存在により流れや波浪が減衰されることから、比較的安定した、静穏な生物生息環境が形成される。この効果により、抽水植物のほかに沈水植物、浮葉植物などの再生が促され、水生植物や付着生物（底生生物）などの多様な生物による水質浄化、及び魚類の産卵場の創出が期待できる。

【課題】

▶ 沈殿ピット内など、人工内湖の底に堆積する汚泥を定期的に除去する必要がある。

▶ 仕切り堤の存在により流れや波浪が減衰されることから、人工内湖の「閉鎖性水域におけるプランクトンの増殖」が考えられ、これが湖沼へ流出して拡大することが懸念される。

▶ 大雨による大量出水時、強い水流による沈殿ピットの底泥の巻き上げ、及び堆積した汚泥からの栄養塩類など汚濁物質の溶出が考えられる。

▶ 河川流入量（㎥/h）などによって人工内湖における滞留時間（h）が決まり、これによって沈降する懸濁物質や粒子状物質の粒径・量が左右されるが、河川流入量は平常時と出水時（降雨時）では大きな差があり、人工内湖の設計が難しい。

3章　さまざまな湖沼浄化対策と技術　83

▶ 以上のようなことから、仕切り堤の設置範囲、沈殿ピットの位置と深さなど人工内湖の設計にあたっては、水質浄化（改善）の目的・目標を明確にしたうえで、平常時と出水時（降雨時）の流量、流速、水質などの状況を把握し、それを基にすることが必要となる。

【用途】

　人工内湖（沈殿ピット）による水環境改善方法は、湖沼へ流入する汚濁負荷量（懸濁物質、有機物、栄養塩類等）が多く、その低減を図りたいときなど、流入河川の河口部付近に適用する。また、近年失われつつある湖沼の沿岸（水辺）の環境の復元にも有効である。

⑦ 活性汚泥投入・凝集沈殿法
（沈殿ピットと組み合わせた方法）

【手法】

　前述、⑥（P.82）の人工内湖（沈殿ピット）による水環境改善方法は、沈降性の懸濁物質や粒子状物質の除去を目的にしたものであり、浮遊・溶解性の汚濁物質（有機物、栄養塩類など）は浄化することはできない。活性汚泥投入・凝集沈殿法（沈殿ピットと組み合わせた方法）は、沈降性と浮遊・溶解性の汚濁物質（有機物、栄養塩類など）を浄化することを目的として、筆者が開発した「バイオ方式（無薬注・無曝気）水処理システム（特開2008-272721」（付録資料②（P.118）参照）を応用し考案したものである。

　本法は、流入河川の河口の上流部（沈殿ピットの上流側）に活性汚泥（微生物）を投入し、河川水の流下に伴う撹拌・混合及び曝気によって、活性汚泥と水中の汚濁物質を接触させ、溶存酸素存在下において活性汚泥の生物反応（食物連鎖）によって、有機汚濁物質は浄化される。最終的に、沈殿しやすい汚泥に変換（凝集フロック形成）され、沈殿ピット内に沈降する。沈殿ピット及び仕切り堤については、⑥（P.82）の人工内湖（沈殿ピット）による水環境改善方法と同様の手法である（図43）。

　ここで用いる活性汚泥は、外来種を持ち込まないことを原則として、湖沼から採取した沈殿汚泥を調整培養したものである。主として細菌類と原生動物及び後生動物で構成され、水中の有機汚濁物質を分解者（細菌、カビ）が摂取・分解し、分解者は一次捕食者（原生動物）に捕食され、一次捕食者は二次捕食者（後生動物）に捕食される食物連鎖を通して、相互に関連しあいながら水質の浄化が行われる。生態系の機能を活用した水環境改善技術である。

　なお、流入河川の河口の上流部に活性汚泥を投入後、活性汚泥と水中の汚濁物質の撹拌・混合及び曝気を効率よく行うために、水平迂流壁[注1]や上下迂流壁[注2]、または河床に段差(小さな滝など)を連続的に設けることなどの工夫が必

3章　さまざまな湖沼浄化対策と技術　85

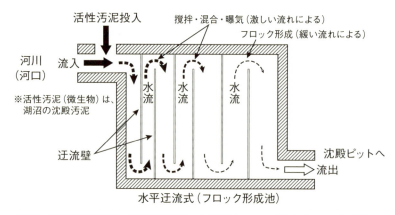

図43 活性汚泥投入・凝集沈殿法（沈殿ピットと組み合わせた方法）の概念図（上面図）

要である。

注１）水平方向に水流を屈曲させるために設けた阻止流壁。
注２）上下方向に水流を屈曲させるために設けた阻止流壁。

【効果】

　活性汚泥投入・凝集沈殿法を用いることによって、6 （P.82）の人工内湖（沈殿ピット）による水環境改善方法と同様の効果のほかに、流入する河川水中の浮遊・溶解性の汚濁物質（有機物、栄養塩類など）を浄化することができ、湖沼への汚濁負荷低減の効果が期待できる。

【課題】

▶　活性汚泥投入・凝集沈殿法は、投入する活性汚泥の量を水中の有機汚濁物質の量に見合った量とすることや、活性汚泥と水中の汚濁物質の撹拌・混合及び曝気は適切な条件とすることなどが効率の高い水質浄化のために重要となる。したがって、湖沼から採取する活性汚泥の選定、河川の上流部に投入する活性汚泥の量、投入する位置などの設計にあたっては、水質浄化（改善）の目的・目標を明確にしたうえで、平常時と出水時（降雨時）の流量、流速、水質などの状況を把握し、これを参考にして活性汚泥を用いた水質浄化実験を行い、それらのデータを基にすることが重要になる。

▶ 沈殿ピット及び仕切り堤に関しての課題は、⑥(P.82)の人工内湖（沈殿ピット）による水環境改善方法と同様である。

【用途】

活性汚泥投入・凝集沈殿法（沈殿ピットと組み合わせた方法）は、湖沼へ流入する浮遊・溶解性の汚濁負荷量（有機物、栄養塩類等）が多くその低減を図りたいときなど、流入河川の河口部（沈殿ピット）及びその上流部（活性汚泥投入部）に適用する。

環境ミニセミナー　水質浄化の主役　活性汚泥

活性汚泥とは

　活性汚泥とは、バクテリア、原生動物、後生動物などから構成される好気性微生物群を主成分とする"生きた"浮遊性有機汚泥の総称であり、河川や湖沼などの自然界に存在し、水質浄化・再生の大きな役割を担っています。人為的・工学的に培養・育成した活性汚泥は、排水・汚水の浄化手段として下水処理場、し尿処理場、浄化槽ほかで広く利用されています（活性汚泥法）。

活性汚泥法とは

　有機物（汚濁物）を含む水を放置しておくと腐敗して、悪臭が発生します。そうなる前に、水中にブロアーで空気（酸素）を送ってかき回すと、微生物の働きによって臭いと濁りが少なくなり、きれいな水に変化します。空気（酸素）を送ることを曝気と呼び、曝気を行う機械（装置）を曝気装置、曝気を行う槽を曝気槽と呼んでいます。さらに効率よく、きれいな水にするためのシステムを活性汚泥法と呼んでいます。

　活性汚泥法は図44に示すように、

①汚水をいったん貯留層に集め、ここで水量、pH を調整し、砂など沈殿しやすい物質を除去してから、曝気槽に導入する。

②曝気槽では好気性微生物群と撹拌・混合、曝気しながら汚水中の有機物（汚濁物）の酸化分解を行う。

③次に曝気槽内の混合液を沈殿槽に導入してフロック状の活性汚泥を凝集、沈降分離させ、上澄み水を処理水として放流する。

④沈降、沈殿した汚泥の一部を曝気槽に返送し、残りの沈殿汚泥の一部を余剰汚泥として引き抜き、処分する。

　一連の水処理システムです。活性汚泥法で最も留意すべきことは、水中の酸素と汚濁物（栄養源）の量です。

　空気（酸素）は十分に送ることが重要ですが、多すぎるとランニングコストの上昇や、フロックの破壊（汚泥が沈殿しない）などの問題が生じることがあります。また、微生物の餌となる汚濁物（栄養源）は少な過ぎると微生物が生き残れ

ませんし、多すぎると汚水が処理されずに放流してしまいます。したがって、水中の酸素と汚濁物（栄養源）の量を適正に保つ必要があります。活性汚泥法の維持管理では、特にこの点に留意が必要です。

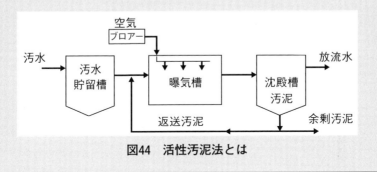

図44　活性汚泥法とは

8 水位調整による水環境改善方法

【手法】

　我が国の湖沼などの閉鎖性水域[注1)]の水質は、湖底の貧酸素化の拡大による魚介類など水生生物の生息環境の悪化や、ヒシなど水草の大量繁茂による船の航行支障や景観悪化、及び枯れたヒシなど水草が腐敗しての悪臭発生や溶存酸素の消費など新たな課題も見られ、社会的な問題となっているが、有効な対策がないのが現状である。湖沼などの閉鎖性水域の貧酸素化を解消する従来技術としては、下層部の貧酸素水塊を曝気する、または溶存酸素を消費する腐敗性の汚泥を浚渫（除去）する、あるいは湖底を覆砂して底質の改善を図るなどの方法があるが、いずれの方法も莫大なエネルギーとコストがかかり、有効な対策技術になり得ていない。また、ヒシなど水草の大量繁茂の対策についても有効な技術がなく、刈り取り作業（人力・動力）で対応しているのが現状であり、刈り取りの労力、及び刈り取り後の水草の収集・運搬・処分に莫大なコストがかかっている。本法は、上述の問題に鑑みたものであり、目的は、生態系への悪影響を抑え、省エネルギー・低コストの水環境改善技術として提供し、湖沼などの閉鎖性水域における湖底の貧酸素化や水草の大量繁茂、水質の悪化などの問題を解決することにある。本法は、筆者が2014年に研究・開発した「湖沼など閉鎖性水域における水深調整法による水環境の改善方法（特願2014-213147）」（付録資料③（P.126）参照）を応用した方法である（図45）。

　手法として、以下に記載する4つの水環境改善技術を用いる。

A）湖沼などの閉鎖性水域において、水域に生育する沈水植物や藻類、植物プランクトンなど光合成生物の生育または繁殖の期間に合わせ、水域に設けた水門などの排水部を開けて排水量を増やし、または流入する河川にバイパスを設けて流入量を減らし、水域の水深を浅くすることで水域の底部への太陽光の取り込み量を増やし、水域の底部における光合成生物の活性化を促して、水域の底

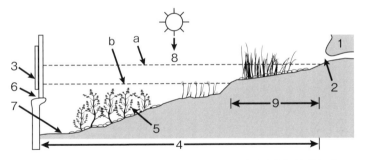

1．陸域　2．流入河川　3．水門　4．湖沼　5．光合成生物（水草など）
6．排水部　7．底部　8．太陽光　9．干潟部　　水面aからbの間で水位調整

図45　水位調整による水環境改善方法（概念図）

部における貧酸素状態を解消する。

B）湖沼などの閉鎖性水域において、水域に設けた水門などの排水部を開閉して排水量を増・減、または流入する河川にバイパスを設けて流入量を減・増することで水域の周囲に干潟部を形成し、干潟部への大気中の酸素の取り込み量を調整して、干潟部における動物プランクトンや小動物、魚介類などの水生生物の活性化を促して、水生生物による水質浄化機能の促進により、水域における汚濁負荷量の削減を図る。

C）湖沼などの閉鎖性水域において、水域に生育する抽水植物、浮葉植物、沈水植物などの水草の生育または繁茂の期間に合わせ、水域に設けた水門などの排水部の開閉により排水量を増・減し、または流入する河川にバイパスを設けて流入量を減・増し、水域の水深を調整し、水域に生育する特定の水草の生育、繁茂を抑制する、あるいは水域に生育する特定の水草を優勢的に生育、繁茂させて他の水草の大量繁茂を抑制する。例えば、この手法を用いて浮葉植物のヒシの繁茂を抑制する場合は、ヒシの生育または繁茂の期間、水域におけるヒシの繁茂の抑制領域の水深を2.5m[注2]以上に上げて、ヒシがしっかり根を張り安定的に生育することができない環境、すなわち種子をつけることができない環境を形成する。また、この手法を用いてヒシの繁茂を抑制するとともに沈水植物を優先的に生育させる場合は、ヒシの生育または繁茂の期間以外は水面

を下げて水深を浅くし、水域の底部への太陽光の取り込み量を増やし、沈水植物の光合成の活性化を促す。このような手法によって、選択する特定の生物の生息環境の改善が期待できる。

D）湖沼などの閉鎖性水域における、干し上げによる水環境改善技術。干し上げは、現在ではあまり行われなくなったが、かつては灌漑用の湖沼・ため池の水質改善の一貫として盛んに実施されてきた。近年、そのメカニズムの解明とともに、湖沼などの水質改善技術として着目され、アオコなどの発生抑制、カビ臭物質の軽減のほか、貧酸素などの底質改善、有機物や栄養塩類など汚濁物質の水質改善に効果が期待できる（環境ミニセミナー「干し上げによる水質改善」P.94参照）。

注1）閉鎖性水域とは、湖沼、内湾、内海などの水の出入りが少ない水域を指す。
注2）2.5m以上でもヒシの繁殖事例があり、対象となる湖沼におけるヒシに関する経歴や実態などを事前に調査して検証しておくことが必要である。

【効果】

▶ 水位調整による水環境改善方法を用いることによって、生態系への悪影響を抑え、省エネルギー・低コストで、湖底の貧酸素化や水草の大量繁茂、水質の悪化などの問題の解決が期待できる。

▶ A）の手法では、水域の底部への太陽光の取り込み量を増やし、水域の底部における光合成生物の活性化を促して、水域の底部における貧酸素状態の解消を図ることが期待できる。

▶ B）の手法では、水域の周囲に干潟部を形成し、干潟部への大気中の酸素の取り込み量を調整して、干潟部における動物プランクトンや小動物、魚介類などの水生生物の活性化を促して、水生生物による水質浄化機能の促進により、水域における汚濁負荷量の削減を図ることが期待できる。また、波、風、水温などの影響による直接的（水理的）な貧酸素水塊の抑制効果が期待できる。

▶ C）の手法では、水域に生育する特定の水草の生育、繁茂を抑制する、または水域に生育する特定の水草を優勢的に生育、繁茂させて他の水草の大量繁茂を抑制することができ、選択する特定の生物の生息環境の改善が期待できる。

▶ D）の手法では、アオコなどの発生抑制、カビ臭物質の軽減のほか、貧酸素などの底質改善、有機物や栄養塩類などの水質改善に効果が期待できる（環境

ミニセミナー「干し上げによる水質改善」P.94参照）。

【課題】

　水位調整による水環境改善方法は、日射量、水温、及び密度流や風の影響による水理・水質の変化など、生物の生息環境に大きな影響を与える。そのため、前述のような効果がある一方、他方では生物に好ましくない影響を与え、最悪は種の死滅も考えられる。調整する水位（浅・深）、タイミング（時期）、水位調整の速度・期間（干満）などの設計にあたっては、水環境改善の目的・目標を明確にしたうえで、湖沼生態系における過去の経歴（渇水時、平常時、出水時）の状況を把握し、時節における経験値（日射量・気温・降水量など）から水位の許容範囲を設定し、経験則に基づくとともに、他の湖沼における事例も参考にしながら慎重に行うことが重要になる。また、湖沼内に実験区画を設け、そこで実証実験をし、その結果に応じた対策を講じながら取組みを進めていくことも検討したい。なお、洪水制御、利水、下流河川生態系への影響にも配慮しながら進めることが重要なことは勿論のことである。

　干し上げについては、実験データや経験値を基にした管理下で実施することで、湖沼の水に係る多くの環境問題を解決することが可能である。ただし、干し上げは比較的容量の小さい湖沼に有効であり、大きな湖沼は分割する方法である程度は対応できるが、大きくなるほど作業が大変で高コストになることが推測される。

【用途】

　湖沼、内湾、内海などの水の出入りが少ない閉鎖性水域における、貧酸素化や水草の大量繁茂、水質・底質の悪化等の水環境改善対策に有効である。

環境ミニセミナー 干し上げによる水質改善[5]

　干し上げとは、一時的に、水を抜き取り、日光や熱で乾かすことです。

　湖沼・ため池での干し上げは、現在ではあまり行われなくなりましたが、かつては灌漑用の湖沼・ため池の水質改善の一貫として盛んに実施されてきました。

　我が国では、昔から「かいほり」と呼ばれる池を干し上げる習慣があり、農業用のため池について、3〜5年に一度の頻度で稲作が終わる晩秋から早春にかけてため池の水を抜き、底さらえをしてきました。湖底や池底の泥を天日干しして酸化状態にして泥の腐敗を防ぎ、一部は畑の肥料に用いることで、「富栄養化や生態系の遷移の抑制」を抑えてきたと言われています。

　近年、そのメカニズムの解明とともに、湖沼などの水質改善技術として着目されています。干し上げや水位運用を実施することで、アオコなどの発生抑制、カビ臭物質の軽減を図る取組みなどが実施されており、湖沼水質改善手法として見直されています。

9 曝気による水環境改善方法[6]

【手法】

　近年の湖沼や貯水池などの閉鎖性水域の水質悪化現象は、藻類の異常増殖や貧酸素水塊の形成などに起因し、悪臭の発生や景観阻害、水辺環境や魚介類生息環境の悪化等の影響のほかに、水道水や工業用水としての利用にも問題を生じている。この湖沼や貯水池の水質浄化（改善）対策として、水中に空気（酸素）を送り込む曝気による方法は速効性があり有効である。

　方法としては、大別して間欠揚水筒を用いる方法と散水管を用いる方法の二つに分けられる。間欠揚水筒を用いる方法は、大きな空気泡を間欠的に発生・浮上させることにより底層水を表層に輸送し、水温成層を破壊しながら水交換を促進することを主目的としている（人工循環）。散水管を用いる方法は、連続的に発生させた径の小さい気泡群による曝気効果を期待するものである。最近はマイクロバブル[注]やウルトラファインバブル（ナノバブル）[注]とよばれる極微小の気泡を有効的に活用する試みが多々行われている（図46）。

　　注）マイクロバブル（直径1～100μmで目視可能）は水中で縮小し、ついには消滅（完全溶解）する特性があり、ウルトラファインバブル（直径1μm以下で目視不可能）は微細な状態を長期にわたって持続させる特性があり、水質改善や生物活性化などの効果が期待されている。

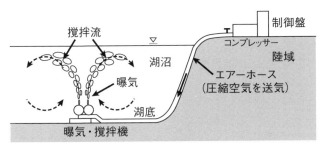

図46　曝気による水環境改善方法の概念図

【効果】

▶ 曝気により水中に酸素が供給され、貧酸素状態が解消し、有機物や栄養塩類の微生物による酸化分解が促進し、悪臭の発生抑制や水質浄化（改善）の効果が期待できる。酸素供給効果は速効性があり、予測することも可能である。

▶ 曝気による撹拌（撹乱）により、懸濁物質の沈降を抑制する効果がある。

▶ 水温の低い底層水の曝気・浮上により、表層水を冷却するため、水温低下により植物プランクトンの増殖が抑制される。

▶ 表層水の底層水との交換によって植物プランクトンが無光層に強制的に送り込まれ、増殖が抑制される効果が期待できる。

【課題】

▶ 曝気運転を停止すると、もとの状態に戻ってしまう。

▶ 曝気場所（位置・深さ）、曝気量（吐出速度）、曝気方法（吐出方向）などの条件が不適切な場合、曝気による撹拌（撹乱）により、底層に沈降した懸濁物質などを巻き上げてしまい、水質が悪化する。特に運転当初、このような事例が多い。

▶ 運転操作、維持管理が難しい。また、莫大なエネルギーと労力を消費し、高コストである。

▶ 広範囲の効果を期待することは難しい。

▶ 曝気による水質浄化（改善）を計画するにあたっては、事前に水質や底質、湖底の形状等の実態調査を行い、その結果を基にして曝気場所（位置・深さ）、曝気量、曝気方法などを設計することが必要となる。また、類似する湖沼の実施事例や研究・調査資料も参考にしたい。

【用途】

▶ 貧酸素や植物プランクトンの異常増殖、水質・底質の悪化等の影響を受けている湖沼や貯水池など、閉鎖性水域の水環境改善に有効である。

▶ 速効性が要求される、限定された範囲の暫定的な水環境改善に有効である。

3.2 底質浄化(改善)
―底質からの汚濁負荷低減などの改善技術―

　ここでいう底質浄化（改善）とは、湖底に堆積する有機物等からの水質汚濁負荷を低減させるために、底泥の除去や底質の改善を図ることを指す。

　ここでは、以下に示す底質浄化（改善）方法①、②の手法、効果、課題、用途について紹介する。

① 浚渫による水環境改善方法 ……………………………………………… 98
② 覆砂による水環境改善方法 ……………………………………………… 101

1　浚渫による水環境改善方法[6]

【手法】
　本法は、湖底に堆積した底泥を浚渫船及びポンプ等によって機械的に回収・除去する手法である（図47）。

【効果】
　堆積した底泥は腐敗性の有機物や栄養塩類の窒素・リンなどの水質の汚濁原因物質を多く含み、これを除去することによって、水中への溶出や底層の貧酸素化を防ぎ、水域の水環境を改善することになり、内部負荷発生源対策として効果が期待できる。また、流入した土砂の堆積などによる湖沼の浅化対策としても有効である。

【課題】
　中途半端な浚渫では、未浚渫水域の汚濁物質を含む底泥の流れ込みや湖底に拡散している懸濁物質が沈降し、再び底質が悪化してしまう。また、堆積してい

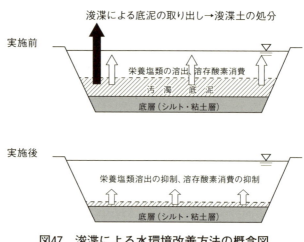

図47　浚渫による水環境改善方法の概念図

る汚泥層は、深いところほど嫌気性が進んでおり、中途半端な浚渫では、硫化水素やメタンガスが発生するなどかえって水質が悪化することも考えられる。さらに、浚渫によって、過去に流入して深くに堆積した有害物質（重金属類、DDT類、環境ホルモン類など）が底層（汚泥層）の表層近くに露出し、水中に溶出することも考えられる。

▶ 上述より、中途半端な浚渫は避けることが必要であることから、対象水域全体の水質改善を目的にして、浚渫面積が広範囲に及ぶ場合が多い。したがって、莫大なエネルギーと労力を消費し、高コストである。

▶ 湖底に堆積した底泥を拡散させることなく、できるだけ高濃度で浚渫することが必要であり、運転操作が難しい。対応策としては、底層（汚泥層）の周辺に乱流を発生させない一定の吸引量で、吸引口（フランジを設けるなどの形状）を少しずつ移動しながら連続的に真空吸引して汲み上げる方法（バキューム掃除機方式）が考えられる。

▶ 比較的容量の小さい湖沼には有効であり、大きな湖沼は分割する方法である程度は対応できるが、大きくなるほど作業性が悪く、高コストになることが推測される。

▶ 大量に発生する浚渫汚泥は腐敗性の有機物を多く含み、また有害物質の含有も考えられ、悪臭や土壌・地下水汚染の発生源となり、周辺環境に悪影響を与える。このため、埋立て土や嵩上げ土などとして処分する場合は、土壌汚染調査が必要となる。

▶ 大量に発生する浚渫汚泥（腐敗性汚泥）は、下水道終末処理場の下水汚泥と同様に有機物（バイオマス）を多く含み、消化ガス発電（バイオガス発電）、燃料電池、固形燃料などのエネルギー資源として有効活用が期待でき、エネルギー資源として活用することにより、前述の課題「莫大なエネルギー消費と高コスト」解決の一助となり得るため、今後、浚渫汚泥のエネルギー資源化について検討していくことが必要である（筆者提案）（環境ミニセミナー「刈り取った水生植物などバイオマスは資源化しよう！」P.69参照）。なお、できるだけ高いエネルギー変換効率を確保するため、浚渫汚泥は、土砂などの無機物の含有量が多い流入河川の河口部付近の底泥は避け、水生植物の枯死体など有機物

3章　さまざまな湖沼浄化対策と技術　99

（バイオマス）が長年沈積した腐敗性の高い底泥（ヘドロ）や、メタンを含有する底層を対象とすることが必要である。このことは、内部負荷発生源対策にとっても高い効果が期待できる。

▶ 浚渫を計画するにあたっては、事前に湖底の実態調査（ボーリング調査）を行い、底層（汚泥層）断面における汚泥の成分分析・溶出試験や、底質調査の結果など、湖底の状況を把握し、それを基にして浚渫範囲（面積）、浚渫深さ、作業方法、浚渫汚泥の処分方法などを設計することが必要となる。また、類似する湖沼の実施事例や研究・調査資料も参考にしたい。

▶ 浚渫工事開始以降は、事後調査として湖底の実態調査を定期的に行い、底泥の拡散や溶出などによって水質が悪化していないか確認しながら、慎重に進めていくことが必要である。

【用途】

浚渫は、堆積した底泥からの有機物や栄養塩類などの溶出、及び底層の貧酸素化の低減を図りたいときなど、内部負荷発生源対策として用いる。また、湖沼の浅化対策として用いる。

2 覆砂による水環境改善方法[6]

【手法】

　本法は、湖底に堆積した底泥を砂などで覆う手法である（図48）。これによって、底泥から水中への栄養塩類等の溶出や底層の貧酸素化の抑制が可能であり、水域の水環境を改善することになり、内部負荷発生源対策として効果が期待できる。ただし、覆砂工法は大量の覆砂材（被覆材）を必要とするが、山砂や海砂等の天然資源は枯渇傾向にあり、覆砂材（被覆材）の調達は必ずしも容易ではないことを考慮する必要がある。

【効果】

▶　堆積した底泥は腐敗性の有機物や栄養塩類の窒素・リンなどの汚濁原因物質を多く含み、水中への溶出による水質の悪化や底層の貧酸素化の原因となるが、覆砂によってこれを遮断することで、水域の水環境を改善することになり、内部負荷発生源対策として効果が期待できる（汚濁原因物質の溶出と貧酸

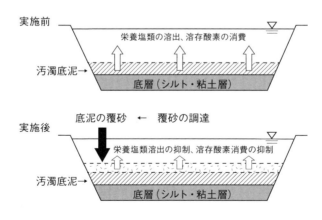

図48　覆砂による水環境改善方法の概念図

素化の抑制）。

▶ 「3.1④（P.76）の「二枚貝等の浄化機能を活用する方法」でも取り上げたが、覆砂は底質を砂質に変えるほか、底層の嫌気化を改善することから、硫化水素等の発生を低減するなどの底質改善を図り、底生動物の生息環境向上に寄与するため、水質浄化効果をもたらすシジミ等の生息場の創出・再生の促進が期待できる。

▶ 速効性が高い。

【課題】

▶ 覆砂によって底質が改善され、水質浄化につながる可能性が期待できるが、覆砂水域を区画することが難しく、近くの未覆砂水域の汚濁物質を含む底泥が湖沼の流動現象によって覆砂水域にも影響を及ぼすおそれがある。また、時間の経過とともに湖水に拡散している懸濁物質などが沈降し、再び底質が悪化してしまうことが考えられる。

▶ 浚渫と同様に、中途半端な覆砂は効果が少ないため、対象水域全体の水質改善を目的にして、覆砂の対象水域が広範囲に及ぶ場合が多い。したがって、大量の覆砂材と莫大なエネルギー、及び労力が必要であり、高コストである。

▶ 底層に堆積した底泥を舞い上げることなく、また、拡散させることなく、汚泥層全体を覆砂材で覆うことが必要であり、作業効率が悪い。

▶ 比較的容量の小さい湖沼には有効であり、大きな湖沼は分割する方法である程度は対応できるが、大きくなるほど作業性が悪く、高コストになることが推測される。

▶ 覆砂工法は大量の覆砂材を必要とするが、山砂や海砂等の天然資源は枯渇傾向にあり、覆砂材の調達は必ずしも容易ではない。対応策としては、建設リサイクル法などによって再利用が義務化されたリサイクル材（解体コンクリートなど）には天然資源である骨材などが多く含まれており、これを破砕した粉・粒体を覆砂材として用いることが考えられるが、含有するセメント系材料のアルカリ性分や重金属類等が溶出しないことを事前に調査しておくことが必要となる。

▶ 湖底の覆砂を計画するにあたっては、事前に湖底の実態調査（ボーリング調

査）を行い、底層（汚泥層）断面における汚泥の成分分析・溶出試験、及び底質調査の結果など、湖底の状況を把握し、それを基にして覆砂の対象水域（面積）、覆砂材の種類と形状、投入量、作業方法などを設計することが必要となる。また、類似する湖沼の実施事例や研究・調査資料も参考にしたい。

▶ 覆砂工事開始以降は、事後調査として湖底の実態調査を定期的に行い、汚濁原因物質溶出と溶存酸素消費の抑制の効果、及び覆砂状況（汚泥の沈殿・堆積状況）を確認しながら、慎重に進めていくことが必要である。

【用途】

覆砂は、堆積した底泥からの有機物や栄養塩類などの溶出、及び底層の貧酸素化の抑制を図りたいときなど、内部負荷発生源対策として用いる。

環境ミニセミナー　水草の異常繁茂対策は生態を知ることから

　ヒシなどの水草の異常繁茂対策としては、本章3.1、及び3.2に取り上げた、刈り取り、水位調整、干し上げ、浚渫、覆砂、そのほかの生息環境の改変などさまざまな方法が考えられますが、いずれの方法を用いるにしても、対策を実施する場所に生息するヒシなどの水草を中心とした生態系について学び、その生態を十分に知ることが重要になります。ヒシは一般的には、図49「ヒシの生態

写真3　諏訪湖のヒシ（8月）

写真4　ヒシの異常繁茂（9月）

3章　さまざまな湖沼浄化対策と技術　103

（生活史と特性）」に示すような生態が知られています[10]。写真3は「諏訪湖のヒシ（8月）」、写真4は「ヒシの異常繁茂（9月）」です。

○生活史

	1	2	3	4	5	6	7	8	9	10	11	12	生息場所
花　期							■	■	■	■	■		湖沼や溜め池の水深2m以下の水中
種　子									■	■	■		
植物体				■	■	■	■	■	■	■	■		

○特　性

分　布	・北海道、本州、四国、九州に広く分布
他の生物との関係	・マダラミズメイガ、ハムシ類などの食草となる ・ミズカマキリの産卵場となる
繁　殖	・種子で越冬し、繁殖する ・種子は4月頃発芽し、7〜10月頃開花し結実する
配慮のポイント	・ヒシの単一群集とならないよう、間引きするなどの配慮が必要
その他	・一般に、ヒシ群落の水面下にはホザキノフサモ、エビモ、クロモ、マツモなどの沈水植物が生育し、階層構造を示すが、富栄養化が進むと沈水植物群落が消失し、ヒシのみ残る

図49　ヒシの生態（生活史と特性） 参考文献10)

3.3 湖沼浄化対策を実施するにあたっての留意点[1]
―原点(生態系)に戻って考え、それを基調に健全な水環境を実現―

　健全で恵み豊かな湖沼水環境の実現のために最も大切なことは、自然と共生することである。自然と共生することによって、湖沼が人々にもたらすさまざまな恩恵を将来にわたって持続的に享受することが可能となる。したがって、湖沼の浄化対策を実施するにあたっては、人間も生態系を構成する一員であり生態系全体によって支えられているとともに人間の活動が生態系全体に大きな影響を与えることをしっかり認識し、生態系への負荷の低減を図ったうえで、生態系の機能を活用した水環境改善技術を主体的に使って、不健全な湖沼生態系の修復と、健全で恵み豊かな湖沼生態系の創出を推進することが重要となる。すなわち、原点である生態系に戻って考え、それを基調に健全な湖沼水環境を実現することである。

　このことを踏まえ、ここでは、湖沼浄化対策を実施するにあたっての留意点として、以下の点を挙げている。

1　目的・目標、水環境改善方法などの設定（事前調査） ………………………… 106
2　適切な維持管理の徹底 ……………………………………………………………… 107
3　事後調査とその結果に応じた対策 ……………………………………………… 111

3章　さまざまな湖沼浄化対策と技術　105

① 目的・目標、水環境改善方法などの設定（事前調査）

　生態系は大気や水、土壌などにおける物質循環や、生物間の食物連鎖などを通じて、絶えずその構成要素を変化させながら、全体としてバランスを保っている。人間の諸活動に伴う生物の著しい減少や絶滅、植生等の異常繁茂や外来種の増加などは生態系のバランスを損ねる要因になる。したがって、湖沼の浄化対策を実施する場合でも、この生態系のバランスに配慮しながら取組みを進めることが重要となる。

　このため、湖沼の浄化対策を実施するにあたっては、まず最初に、実施の対象となる湖沼の生態系に関連する情報（経歴、実態、問題点・課題、上・下流域や周辺地域の要望、利害関係、将来的展望等）を事前に調査して、その結果を基に、目的・目標、水環境改善方法（技術）、実施体制、スケジュール（長期・中期・短期）、コストなどの実施計画を立てることが重要となる。また、類似する湖沼における実施事例（成功・失敗例）や研究・調査資料なども参考にすることが大切である。

　湖沼の浄化対策の目的は、水質浄化（改善）や底質浄化（改善）のほかに、豊かな生態系の再生・保全、水資源・水産資源の活用、人と湖沼の豊かなふれあいの場の提供等が考えられるが、目的・目標を設定するにあたっては、対策の対象となる湖沼の実情に応じてどの目的を優先してどの程度実現させるかを勘案しつつ、湖沼生態系のバランスに配慮しながら検討することが重要となる。

　また、水環境改善方法の設定にあたっては、選定する方法の「効果」、「課題」などを長・短期的な観点から見据えつつ、対策の対象となる湖沼の水環境の特性、目的・目標の優先度、実現性（施工性、維持管理性、経済性、持続性等）、実施に伴う環境影響などを総合的に勘案しながら検討し、対象とする湖沼に関わる人々の合意形成に基づき決定していくことが重要となる。

② 適切な維持管理の徹底

　本章「3.1　水質浄化（改善）」（P.66）に取り上げた水環境改善方法の多く
は、生態系の機能を活用しているため、速効性に優れる物理化学的な方法に比べ
て適切な維持管理の徹底が重要となる。例えば、植生を活用する方法（植生浄化
法）で適切な維持管理を行わないと、次のような影響が懸念される。

懸念事項（例）

▶　植生の異常繁茂により、枯死体や懸濁・粒子状物質の堆積、流動障害（水の
　　滞留）、大気からの酸素供給の遮断等が促進し、その結果、底層の貧酸素化な
　　どの水質悪化、悪臭発生のほか、漁船の航行阻害、生態系の変化、景観悪化な
　　ど大きな影響を与える。

▶　栄養塩類を含む植生の枯死体や懸濁・粒子状物質が堆積し、その結果、これ
　　らが微生物によって分解し、有機物や栄養塩類（窒素、リン）などが溶出し、
　　汚濁負荷が増加する。

▶　枯死体や懸濁・粒子状物質などの微生物による酸化分解に伴い溶存酸素が消
　　費され、底層における低酸素化が進行する。

▶　枯死体や懸濁・粒子状物質の堆積が促進し、底泥の嫌気化（腐敗）が進行す
　　る。

▶　土壌層やろ過層などを浸透させる浸透流れ方式では、枯死体や懸濁・粒子状
　　物質の堆積が多くなることにより吸着能力や浸透量が低下する。　　など

　以上のように、生態系の機能を活用した湖沼浄化対策は、適切な維持管理を怠
ると逆に湖沼水環境の悪化を招くことを認識する必要がある。

　維持管理の内容は、湖沼浄化対策の目的・目標、水環境改善方法（技術）など
によって異なるが、すべてに共通して、最も重要なことは、水質管理（汚泥管理）
である。

3章　さまざまな湖沼浄化対策と技術　**107**

一般的には、湖沼の水質管理（汚泥管理）においては、以下の点に考慮する必要がある。

a） 湖沼に期待される機能は多様化しており、漁業、利水、観光など、求められる水質管理が一律ではない。

b） 湖沼の水深の違いや、河川水の流入・流出、海水の流入等の違いが水質に影

表5　湖沼水質管理の視点と注目すべき指標項目

湖沼水質管理の視点		湖沼水質に求められる機能		
人と湖沼の豊かなふれあいの確保	快適性	水域全体がきれいであること		
		水がきれいであること	透明感があること	
			水の色が変色していないこと	
		湖に入ったときの快適性があること	湖底の感触が良いこと	
			水に触れた感覚が良いこと	
		臭いがしないこと		
	安全性	触れても安全であること、誤飲しても安全であること（衛生学的安全性）		
豊かな生態系の確保	生息、生育、繁殖	呼吸に支障がないこと		
		毒性がないこと		
		生物そのものが生息していること		
利用しやすい水質の確保	安全性	有害物質を含まないこと （毒性［消毒副生成物含む］）		
		生物の毒性がないこと（病原性微生物）		
	快適性	臭いがしないこと		
		おいしいこと（味覚）		
	維持管理性	浄水処理上の維持管理が容易であること		
下流域や滞留水域に影響の少ない水質の確保		下流部の富栄養化や閉鎖性水域(ダム、湖沼、湾)の富栄養化への影響が少ない水質レベルであること		
湖沼の基本的特徴の表現				

＊1　ろ紙吸光法を参考に現地で簡便に実施する方法（決められたろ過量をろ過してろ紙の色を標準の色（色見本）と比べる方法）。色見本や評価レベルは湖沼独自に設定。

＊2　住民との協働による測定項目の評価や水質管理において、河川管理者が活用することのできる指標であり、現時点では評価レベル案を設定しない。

響を与えるなど、特性がさまざまである。

c） 湖岸が急傾斜、浅瀬、湿地帯、植生帯、水辺公園など、湖岸の物理的形状や使用目的がさまざまである。

d） 河川とは異なり面的な広がりがあるため、調査地点によって周辺環境が異なる。

参考文献13）より

求められる機能を表す項目として注目する指標 （全国共通項目）		その他、考えられる指標項目（地域特性項目の例）	
住民との協働による測定項目	河川等管理者による測定項目	その他、住民との協働に優れた項目	その他、機能に関して指標性のある水質（生物）項目
ゴミの量			
透視度	(SS) ※2		透明度、濁度
アオコ発生 ろ紙を用いたクロロフィルa の簡易確認※1	（クロロフィルa） ※2		
湖底の感触			
アオコ発生 ろ紙を用いたクロロフィルa の簡易確認※1	（クロロフィルa） ※2		水温
水の臭い			臭気、臭気度
	糞便性大腸菌群数	―	大腸菌、ダイオキシン類、環境ホルモン
	底層DO※3	簡易DO	
	NH_4-N※3	簡易NH_4-N	Zn、ダイオキシン類、環境ホルモン
生物の生息（指標項目は各湖沼で設定）			
	トリハロメタン生成能		健康項目
			原虫類、ウィルス、糞便性大腸菌群数、大腸菌
	2-MIB、ジオスミン		臭気度
			異臭味
	NH_4-N		pH、SS、濁度、植物プランクトン
	(T-N)、(T-P) ※4		
水温、簡易pH、簡易COD	COD、SS、濁度、pH、水位		

※3 調査地点については参考文献13）の「3.6.3指標（案）を用いた水質調査の考え方 （2）調査地点の設定」を参照すること。

※4 現時点でレベル案を設定しておらず、今後の検討課題とする項目。

したがって、水質管理は、水質評価の目的・目標を明確にし、評価を行う湖沼や地点の特性に応じて、適切な指標項目を設定する必要がある。国土交通省河川局では、湖沼水質に求められる機能を適切に示すことができる指標項目を「湖沼水質管理の視点と注目すべき指標項目」として一覧で示している（表5）[13]。

水質管理の基本的な指標項目としては、COD、SS、濁度、pH、水位、処理前の水量（流量）、処理後の水量（流量）などがあげられる。目的・目標に応じて、T－N、T－P、NH_4－N（アンモニア態窒素）、DO、大腸菌群数、生物個体群数・動態などがあげられる。汚泥管理の指標項目としては、強熱減量（主に有機物量）、TOC、T－N、T－P、硫化物、重金属類（カドミウム、水銀、クロム等）、化学物質類（PCB、農薬等）などの他、溶出試験やDO消費速度があげられる。

次に、湖沼における指標項目の現状における実態を適切に把握できる代表的な調査地点（位置・高さ・点数）、及び調査時期、回数を設定し、これに沿って調査・評価して、その結果をもって具体的な維持管理（処置）を実施することになる。

具体的な維持管理の項目（例）

▶ 水位、流入量、流出量の点検と水門の操作などによる調整

▶ 植生の刈り取り、間引き等による、植生の生育状況のバランスの保持（植生管理）

▶ 植生の枯死体や底泥堆積の除去（魚介類等水生動物の産卵期に留意）

▶ 底泥の干し上げと、干し上げ等による外来種の駆除

▶ 透水材やろ材の目詰まり低減を図る維持管理（透水材やろ材の入れ替え、目詰まり除去・洗浄、干し上げ、堆積物除去など）

▶ 覆砂を行い、シジミ等の生息環境の維持

▶ 沈殿ピット内や人工内湖の底に堆積する汚泥の除去

▶ 施設及び付属設備の保守点検・補修

▶ 曝気量・時間・位置等の点検と調整

▶ 浚渫量・時間・位置等の点検と調整

▶ 周辺のゴミ拾いや除草、土砂堆積の除去　など

③ 事後調査とその結果に応じた対策

　本章「3.1　水質浄化（改善）」（P.66）に取り上げたような生態系の機能を活用した水環境改善方法は、物理化学的な方法に比べて、気温・湿度、水温、降水量、日射量などの気象条件の影響を受けやすく、これらの条件に応じて植生の繁茂、微生物の繁殖、土砂の堆積、水の流動、水深などの状況が変化して、水質浄化（改善）や底質浄化（改善）の効果に影響を与えることになる。このため、生態系の機能を活用した湖沼浄化対策は、実施後、定期的に事後調査（モニタリング）を行って状況を把握し、その結果に応じた順応的な対策をより適切かつ効果

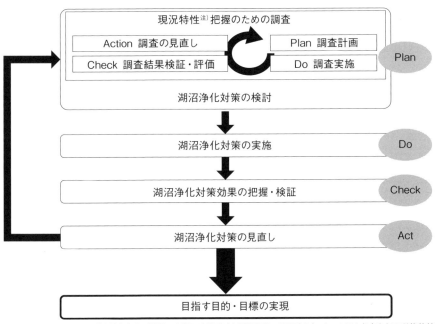

注）対象とする湖沼の水質や生態系（水質汚濁前の状況含む）、人々の関わり方などの現状特性

図50　湖沼浄化対策のPDCAサイクルのイメージ（例）　参考文献1）

3章　さまざまな湖沼浄化対策と技術　111

的に講じながら推進していくことが必要である。手順としては、PDCA（plan-do-check-act）サイクルの考え方に基づき、湖沼浄化対策の検討→対策の実施→対策効果の把握・検証（事後調査・評価）→対策の見直し等を実施し（図50）、目指す目的・目標の実現に向けて、その時々の湖沼に関連する状況を勘案しながら、順応的な対策をより適切かつ効果的に講じる取組みが必要である。

参考文献

3章

1）環境省　水・大気環境局　水環境課『自然浄化対策について「生態系機能を活用した"健やかな湖沼水環境"の実現を目指して（資料）」』（平成26年12月）.
2）関東経済産業局「水環境改善技術集」（平成19年3月）.
3）中村圭吾・森川敏成・島谷幸宏（2000年10月）「河口に設置した人工内湖による汚濁負荷制御」環境システム研究論文集 Vol.28.
4）国土交通省　水管理・国土保全　湖沼技術研究会「湖沼における水理・水質管理の技術」（平成19年3月）.
5）国土交通省　河川局　河川環境課「自然の浄化力を活用した新たな水質改善手法に関する資料集（案）」（平成22年3月）.
6）山室真澄ほか著（2013）「貧酸素水塊　現状と対策」. 生物研究社、120-122p.
7）藤田正憲・池　道彦著（2006）「バイオ環境工学」. シーエムシー出版、62-63p.
8）吉野　昇　編（1999）「絵とき　環境保全対策と技術」. オーム社、44p.
9）下平利和著（2007）「自然の叡智・生態系に学ぶ次世代環境技術」. ほおずき書籍、49p.
10）農林水産省ホームページ（2015）＞組織・政策＞　農村振興「環境との調和に配慮した事業実施のための調査計画・設計の手引き」.（http://www.maff.go.jp/j/nousin/jikei/keikaku/tebiki/01/pdf/ref_data 1 -10.pdf）
11）水産庁「湖沼の漁場改善技術ガイドライン」（平成21年3月）.
12）下平利和著（2011）「生態系に学ぶ！廃棄物処理技術」. ほおずき書籍、36p.
13）国土交通省　河川局　河川環境課「今後の湖沼水質管理の指標について（案）」（平成22年3月）.
14）化学工学協会編（1978）「生物学的水処理技術と装置」. 培風館、20p.

付 録 資 料

筆者の「湖沼の浄化対策と技術」に関する出願特許の紹介

① 循環空気調和型堆肥化（発酵）施設

発明の名称

「循環空気調和型堆肥化施設」

（刈り取った水草や腐敗性汚泥などバイオマス系廃棄物の堆肥化・固体燃料化・減量化・飼料化・バイオガス化施設）

文献番号　特開2000-044372

【発明の名称】

循環空気調和型堆肥化施設

【発明の目的】

　発明の目的は、以下の効果を達成し、以て、有機廃棄物の高温好気（嫌気）発酵を安定した高い効率で行うことができる、コンパクト化、省エネルギー型、環境保全型の施設を提供することにある。

① 　発酵槽内の空気調和を行い、温度、湿度、酸素濃度等を調整し、微生物の反応に適した環境条件を整えることによって発酵を促進させ、発酵期間の短縮や水分蒸発の効率化を図る。

② 　発酵槽内の空気は調和を図りながら循環させ、悪臭の周辺環境への発散を抑制する。

付録資料　113

③ 発酵熱や乾燥後の排熱の外気への放出を抑え熱回収し、有効利用を図る。
④ 乾燥には、重油等の燃焼による熱風は用いず、③の回収熱や太陽熱を熱源として用い、微生物にやさしい、乾燥効率の高い乾・温風を使用する。

【処理内容】

循環空気調和型堆肥化施設の代表例として「バイオ方式固体燃料化施設」を図1（説明図）に示す。図1に沿って処理内容の概要を解説する。

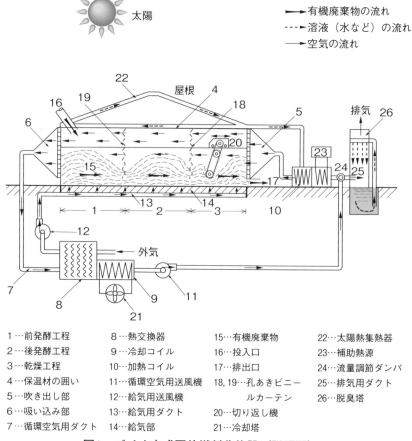

1…前発酵工程　　　8…熱交換器　　　　15…有機廃棄物　　　　22…太陽熱集熱器
2…後発酵工程　　　9…冷却コイル　　　16…投入口　　　　　　23…補助熱源
3…乾燥工程　　　　10…加熱コイル　　　17…排出口　　　　　　24…流量調節ダンパ
4…保温材の囲い　　11…循環空気用送風機　18,19…孔あきビニー　25…排気用ダクト
5…吹き出し部　　　12…給気用送風機　　　　　ルカーテン　　　26…脱臭塔
6…吸い込み部　　　13…給気用ダクト　　20…切り返し機
7…循環空気用ダクト　14…給気部　　　　21…冷却塔

図1　バイオ方式固体燃料化施設（説明図）

（処理手順）

①　投入口16より投入された有機廃棄物15は、前発酵工程1、後発酵工程2、乾燥工程3の順に処理が行われ、固体燃料化された製品は排出口17より搬出される。この3つの工程全体は保温材4で囲われ、それぞれの工程の境は孔あき（整流口）ビニールカーテン18、19が垂れ下がって仕切られている。切り返し機20は3つの工程を走査し、有機廃棄物15の移動と撹拌（切り返し）を行う。

②　循環空気用送風機11によって前発酵工程1の端の吸い込み部6から吸い込まれた循環空気は、熱交換器8で熱回収、冷却塔21を用いた冷却コイル9で冷却・除湿、太陽熱集熱器22と補助熱源23を用いた加熱コイル10で加熱され、乾・温風となって乾燥工程3の端の吹き出し部5より吹き出し、乾燥工程3の水分蒸発の促進を図る。

③　乾燥工程3で減温、加湿された循環空気は、後発酵と前発酵のそれぞれの微生物反応に適した温・湿度となり、後発酵工程2、前発酵工程1の順に流れ、それぞれの発酵の促進を図る。なお、各工程の境に垂れ下がった孔あきビニールカーテン18、19は、各工程空間の循環空気の流れを抑制し各工程に適した環境条件を形成する、とともに循環空気の流れを整える役割を担う。

④　給気用の送風機12の吸い込みによって熱交換器8に入った外気は、加温された後、発酵に必要な酸素を供給するため、給気用ダクト13を経て床面に設けられた給気部14より前後の発酵工程及び乾燥工程の全域に給気される。

⑤　流量調整ダンパ24の開閉で循環空気の吹き出し量を吸い込み量より少なくし、施設内の負圧化を図り、悪臭の施設外への発散を抑える。吸い込み量から吹き出し量を差し引いた分は、流量調整ダンパ24から排気用ダクト25を経て、脱臭塔26で処理された後、大気へ排出される。

【効果】

①　発酵槽内の空気調和を行い、温度、湿度、酸素濃度等を調整し、微生物の反応に適した環境条件を整えることによって発酵を促進させ、発酵期間の短縮や水分蒸発の効率化を図ることができる。

②　外気の温度、湿度の影響を受けることなく、安定した高い効率で発酵を行う

ことができる。

③　前発酵、後発酵、乾燥の３つの工程を同一箇所で連続して行うことで施設の
コンパクト化を図ることが可能となり、これによって、設置の際、用地面積が
少ない、設置費用が安価、施設の運転管理が容易等の利点がある。

④　排気、脱臭設備の小型化が図られ、悪臭の周辺環境への発散を容易に抑える
ことができ、悪臭対策の経費が少なくて良い。

⑤　発酵熱や乾燥後の排熱の熱回収、有効利用で省エネルギー型である。

⑥　乾燥の熱源は、大気汚染や地球温暖化の原因となる重油等の燃料は用いず、
回収熱や太陽熱を用いて、乾燥効率の高い乾・温風を使用し、環境保全型であ
る。

　　なお、ごみ焼却施設内に設置した場合は、焼却炉の排熱を熱源として利用す
ることもできる。

⑦　循環空気の乾・温風は、従来の乾燥機の熱風と異なり、高熱で発酵菌を死滅
又は弱体化させることがない。したがって、乾燥後の製品（コンポスト、固体
燃料、飼料）を種菌として前発酵に返送することにより菌の能力を高めること
ができる。よって、高価な種菌を購入する必要がない。

⑧　発酵温度が上がらない場合であっても、補助熱源を使い循環空気の温度を上
げることで、有機廃棄物中の病原菌や寄生虫卵あるいは雑草の種子を死滅又は
不活性化させることができ、安全性が高い。

　以上の効果により、有機廃棄物の高温好気（嫌気）発酵によるコンポスト化や
固体燃料化などを安定した高い効率で行うことができる、コンパクト化、省エネ
ルギー型、環境保全型の施設を提供することが可能となる。

　また、上述の循環空気調和型堆肥化施設は、発酵槽内の空気調和を行い、温
度、湿度、酸素濃度等を調整し、微生物の反応に適した環境条件を容易に切り替
えることができるため、同一施設で有機廃棄物の堆肥化、固体燃料化、減量化、
飼料化、バイオガス化（乾式メタン発酵）が可能である。

　例えば、

▶　堆肥化の場合は、発酵期間を長くし（30日以上）完熟させ、Ｃ／Ｎ比は小さ

くし（20以下）、良質の有機肥料を生産する。

▶　固体燃料化の場合は、高速発酵（発酵期間約10日）で難分解性物質（リグニンなど）を残しＣ／Ｎ比は大きくする。Ｃ／Ｎ比を大きくすると、炭素分が多くなり発熱量が上がり、窒素分が少なくなり燃焼時の排出ガス中のNO_x（窒素酸化物）やN_2O（亜酸化窒素）の発生を抑制し、低環境負荷の燃料（エコ燃料）になる。

▶　減量化の場合は、高温好気の状態で高速発酵（発酵期間約４日）して一気に脱水する。

▶　飼料化の場合は、高温好気の状態で高速発酵を行い、滅菌と脱水をして腐敗しにくい飼料を生産、又は酸素供給を抑え酵母や乳酸菌などを使って高温嫌気の発酵で栄養価の高い飼料を生産する。

▶　バイオガス化の場合は、高温嫌気の状態でコンポスト化（乾式メタン発酵）して、発生したメタンガスを回収、発酵残渣は有機肥料として利用する。

　ただし、処理するバイオマス系廃棄物に有害物質の混入が少しでも疑われる場合は、「食の安全」を重視して堆肥や飼料の生産を止め、発酵条件を切り換えて固体燃料を生産する。また、例え良質の堆肥でも緑農地への過剰施肥は農作物にとっても土壌や水域の生態系にとっても良くない（富栄養化を招く）。このため、堆肥が過剰の場合は堆肥の生産を止め、発酵条件を切り替えて固体燃料を生産する。このように当該発酵施設は、堆肥や飼料の無理な供給をせずに堆肥や飼料の需要に見合った量を生産する過不足のない完全循環型・環境保全型農業に対応することができる。

② バイオ方式（無薬注・無曝気）水処理システム

発明の名称

「バイオ方式（無薬注・無曝気）水処理システム」

（水生生物の水質浄化機能を活用した省エネ、低コスト、高効率の水処理技術）

文献番号　特開2008-272721

【発明の名称】

バイオ方式（無薬注・無曝気）水処理システム

【技術分野】

本発明は、水中の生物群を活用し、凝集剤を使わずに汚水に含まれる懸濁物質や有機物質等の凝集沈澱処理を行う、と共に曝気を行わずに汚水に含まれる懸濁物質や有機物質等の好気性生物処理を行う技術に関する。

【背景技術】

従来の凝集沈殿法は、硫酸アルミニウム等の無機凝集剤や有機高分子凝集剤を用いて、水に懸濁している粒子を凝集分離する方法である。このような従来の凝集剤を用いた凝集沈殿法は、凝集剤の運搬、保管、溶解、添加や水質のpH調整等の操作が煩雑なうえ、設備費、運転費が高価なものとなる。また、用いた凝集剤が水中や汚泥中に残留し、自然環境に悪影響を与えたり、水や汚泥の再利用の際、障害となる。さらに、凝集剤の汚泥中への残留は、この分の重量（容量）が増え、汚泥処理のコストが増加する等の問題点がある。また、活性汚泥法等の従来の好気性生物処理は、曝気動力が大きく、膨大なエネルギーを必要とする等の問題点がある。

【発明の概要】

（発明が解決しようとする課題）

本発明は、上述の問題点に鑑みてなされたものであり、本発明の目的は、水中の生物群を活用し、凝集剤を使わずに汚水に含まれる懸濁物質や有機物質等の凝集沈澱処理を行う、と共に曝気を行わずに汚水に含まれる懸濁物質や有機物質等の好気性生物処理を行う水処理システムを提供し、上述の問題点を解決することにある。

【課題を解決するための手段】

　上述の目的を達成するための手段として、請求項1、2、3、4、5、6、7（P.123～125）に記載の水処理システムを用いる。

【発明の効果】

　本発明により、凝集剤を使わず藻類や細菌類などの微生物膜フロックを利用して汚水に含まれる懸濁物質や有機物質等の凝集沈澱の処理を行う、と共に曝気を行わずに藻類や細菌類の放出する酸素を利用して汚水に含まれる懸濁物質や有機物質等の好気性生物処理を行うことが可能となり、次のような顕著な効果を奏する。

（効果）

① 　凝集剤を使用する凝集沈澱処理の問題点である、a）凝集剤の運搬、保管、溶解、添加や水質のpH調整等の操作が煩雑、b）設備費、運転費が高価、c）用いた凝集剤が水中や汚泥中に残留し、自然環境に悪影響、また水や汚泥の再利用に障害、d）凝集剤が汚泥中に残留し、この分の重量（容量）が増え、汚泥処理のコストが大幅増加、等を解決することができる。

② 　本発明は、曝気を行わずに藻類の放出する酸素を利用して汚水に含まれる懸濁物質や有機物質の好気性生物処理を行うため、曝気動力が不要であり、設備費や運転費が安価で省エネルギー型である。

③ 　凝集沈澱処理と好気性生物処理を同時に行うことが可能となり、水質浄化の効率が良い。

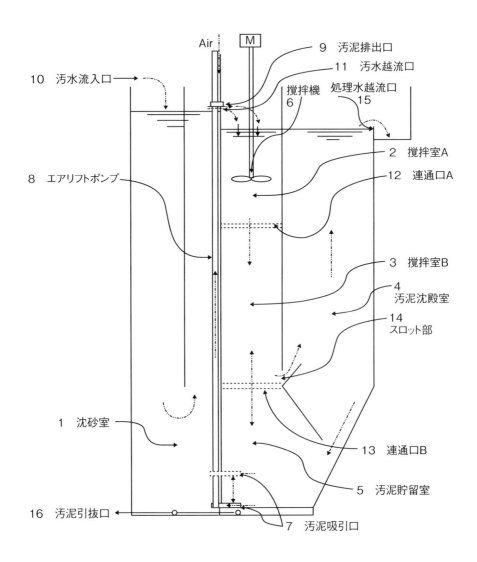

図1 バイオ方式（無薬注・無曝気）水処理システム（概略縦断面図）

【発明を実施するための最良の形態】

次に、本発明の好適実施例の形態を図1に基づいて詳述する。図1はバイオ方式（無薬注・無曝気）水処理システムの概略縦断面図である。図1に示すように当該水処理システムは沈砂室1、撹拌室A2、撹拌室B3、汚泥沈殿室4、汚泥貯留室5から構成され、撹拌室A2には回転数の調整可能な撹拌機6が、汚泥貯留室5の下方には高さ調整が可能な汚泥吸引口7が設けられ、この汚泥吸引口7はエアリフトポンプ8を経て汚泥排出口9に配管されている。撹拌室A2及び汚泥沈殿室4は、上方の開口部が大気に開放され、広い開口面積で太陽光を多く取り入れ、藻類（酸素発生型）や酸素発生型光合成細菌などが繁殖し易い構造である。

【実施例】

次に、この実施例の作用を処理手順に添って説明する。

① 汚泥貯留室5の底部に自然沈殿した汚泥中の生物群は上方より概ね、藻類（酸素発生型）、酸素発生型光合成細菌、酸素非発生型光合成細菌、好気性従属栄養細菌、嫌気性従属栄養細菌、独立栄養細菌の順に層を重ねており、主として凝集沈澱処理を行う場合は汚泥吸引口7の高さを上げて上層部の藻類付近の汚泥を凝集母体として吸引し、主として好気性生物処理を行う場合は汚泥吸引口7の高さを下げて好気性従属栄養細菌付近の汚泥を活性汚泥として吸引し、エアリフトポンプ8で汲み上げて、返送汚泥として汚泥排出口9より撹拌室A2内に排出する。

② 一方、汚水流入口10より間欠的に流入する汚水は沈砂室1で砂、れき等が重力で沈降し除かれ、上澄み水が汚水越流口11より撹拌室A2内に流入する。

③ 撹拌室A2では撹拌機6の回転を調整して緩やかな撹拌流を形成し、汚水越流口11より間欠的に流入する汚水と汚泥貯

図2　凝集処理（試料）

留室5の底部より汲み上げられ汚泥排出口9より排出される返送汚泥とを撹拌する。この撹拌により返送汚泥中の藻類や細菌類などの微生物膜が凝集の核となる既成フロック、すなわち、凝集母体として用いられ、汚水に含まれる懸濁物質や有機物質等の凝集処理が行われ凝集フロックが形成される、と同時に曝気を行わずに藻類や細菌類の放出する酸素を利用して汚水に含まれる懸濁物質や有機物質等の好気性生物処理が行われる（図2）。

④ 撹拌室B3では、連通孔A12を介して起こる撹拌室A2の撹拌流より更に緩やかな撹拌流によって撹拌室A2の凝集処理により形成された凝集フロックの成長が図られる。また、ここでも撹拌室A2と同様に藻類や細菌類の放出する酸素を利用して汚水に含まれる懸濁物質や有機物質等の好気性生物処理が行われる。

⑤ 撹拌室B3内で凝集フロックが成長し重くなった汚泥質は撹拌室B3の底面の連通孔B13を介して汚泥貯留室5に沈降する。一方、汚水越流口11からの汚水の流入に伴い撹拌室B3内の撹拌水は下方のスロット部14を通って汚泥沈殿室4内に移流し、この移流に伴い汚泥沈殿室4内上方の上澄み水は押し上げられ、凝集沈殿処理と好気性生物処理が行われた処理水として処理水越流口15より放流される（図3）。

図3　沈殿処理（試料）

⑥ 汚泥沈殿室4内では、移流した撹拌水中の汚泥質が重力分離して汚泥貯留室5内に沈降する。また、ここでも撹拌室A2、撹拌室B3と同様に藻類や細菌類の放出する酸素を利用して汚水に含まれる懸濁物質や有機物質等の好気性生物処理が行われる。

⑦ 当該水処理システムの維持管理としては、撹拌室A2に酸化池や培養槽などに繁殖した藻類や細菌類などの生物群を補足的に投入することや、定期的に汚泥引抜口16より汚泥を引き抜くことが必要となる。

以上、本発明について代表的な実施例を挙げて説明したが、本発明はこの実施例に限定されるものではない。例えば、返送汚泥用のポンプとして実施例に用いたエアリフトポンプ8の代わりに流量調整機能付き流量ポンプを用いたり、実施例ではシステム全体を仕切り、沈砂、撹拌A、撹拌B、汚泥沈殿、汚泥貯留を部屋（室）として構成したが、これに変えて其々を別個の槽として構成したり、実施例では藻類や細菌類などの微生物膜を直接凝集母体として用いたが、これに変えて、活性炭粒子などの担体を投入し、これらの担体に藻類や細菌類などの微生物膜を付着させ、これを凝集母体として用いる等の改変や、沈砂室1の上部汚水越流口11付近に藻類（酸素発生型）や酸素発生型光合成細菌などを主体とする生物群が生息する上向き流の生物ろ床、汚泥沈殿室4の上部処理水越流口15付近に好気性従属栄養細菌などを主体とする生物群が生息する上向き流の生物ろ床を設け、沈砂室1及び汚泥沈殿室4の其々の上澄み水を生物学的に処理する方法等の改変を施し得る。

【図面の簡単な説明】

（図1）

　本発明の実施例を示す、バイオ方式（無薬液・無曝気）水処理システムの概略縦断面図である。

（図2）

　本発明の実施例における凝集処理の試料

（図3）

　本発明の実施例における沈殿処理の試料

【特許請求の範囲】

（請求項1）

　凝集剤を使わずに藻類や細菌類などの微生物膜を凝集の核となる既成フロック、すなわち、凝集母体として用いて汚水に含まれる懸濁物質や有機物質等の凝集沈澱処理を行う、と同時に曝気を行わずに藻類や細菌類の放出する酸素を利用して汚水に含まれる懸濁物質や有機物質等の好気性生物処理を行う撹拌室を設け

付録資料　123

たことを特徴とする水処理システム。

（請求項2）

　凝集剤を使わずに鉱物質や有機質の粒子（粉体）等の担体に藻類や細菌類などの微生物膜を付着、生息させ、これを凝集の核となる既成フロック、すなわち、凝集母体として用いて汚水に含まれる懸濁物質や有機物質等の凝集沈澱処理を行う、と同時に曝気を行わずに藻類や細菌類の放出する酸素を利用して汚水に含まれる懸濁物質や有機物質等の好気性生物処理を行う撹拌室を設けたことを特徴とする水処理システム。

（請求項3）

　請求項1及び請求項2に記載の撹拌室の後段に沈殿した汚泥の汚泥貯留室を設け、前記汚泥貯留室よりポンプ等で汚泥を引き抜き、前記撹拌室へ汚泥を返送する際、汚泥の引き抜き口の高さと引き抜き量を調整することにより、返送する汚泥中の生物群の種類を藻類や細菌類（凝集母体や活性汚泥）など水処理の目的に応じて選択することを特徴とする水処理システム。

（請求項4）

　請求項1及び請求項2に記載の撹拌室の前段に汚水中の砂やれきを沈降、分離する沈砂室を設け、前記沈砂室の上部越流口付近に藻類（酸素発生型）や酸素発生型光合成細菌などを主体とする生物群が生息する上向き流の生物ろ床を設け、前記沈砂室で汚水中の砂やれきを沈降、分離した後の上澄み水を生物学的に処理することを特徴とする水処理システム。

（請求項5）

　請求項1及び請求項2に記載の撹拌室の後段に撹拌水中の汚泥質を沈降、分離する汚泥沈殿室を設け、前記汚泥沈殿室の上部越流口付近に好気性従属栄養細菌などを主体とする生物群が生息する上向き流の生物ろ床を設け、前記汚泥沈殿室で撹拌水中の汚泥質を沈降、分離した後の上澄み水を生物学的に処理することを特徴とする水処理システム。

（請求項6）

　請求項1及び請求項2に記載の撹拌室に酸化池や培養槽などに繁殖した藻類や細菌類などの生物群を定期的に、又は補足的に投入することを特徴とする水処

システム。
（請求項7）

　請求項1及び請求項2に記載の撹拌室及び請求項5に記載の汚泥沈殿室の深さ
は浅く、上方の開口部は広い面積にして太陽光を多く取り入れ、前記撹拌室の撹
拌流は撹拌機の回転数の調整等で緩やかな流れを形成し、藻類（酸素発生型）や
酸素発生型光合成細菌などが繁殖し易い構造としたことを特徴とする水処理シス
テム。

【要約】

（課題）

　本発明の目的は、水中の生物群を活用し、凝集剤を使わずに汚水の凝集沈殿処
理（無薬注）を行う、と共に曝気を行わずに汚水の好気性生物処理（無曝気）を行
う水処理システムを提供し、省エネルギーで運転・維持管理が易しい、設備費、
運転費が安価、発生する汚泥を大幅に削減する等の効果を得ることにある。

（解決手段）

　凝集剤を使わずに藻類や細菌類などの微生物膜を凝集の核となる既成フロッ
ク、すなわち、凝集母体として用いて汚水の凝集沈殿処理を行う、と共に曝気を
行わずに藻類や細菌類の放出する酸素を利用して汚水の好気性生物処理を行う撹
拌室を設けたことを特徴とする水処理システム。また、沈殿した汚泥から藻類や
細菌類などの凝集母体や活性汚泥を選択的にポンプ等で汲み上げ、再度繰り返し
て利用することを特徴とした水処理システム他。

（選択図）

　図1

③ 湖沼など閉鎖性水域における水深調整法による水環境の改善方法

発明の名称

「湖沼など閉鎖性水域における水深調整法による水環境の改善方法」
（水生生物の生態を活用した水草異常繁茂、貧酸素化、水質浄化の対策技術）
出願番号　特願2014-213147

【発明の名称】

湖沼など閉鎖性水域における水深調整法による水環境の改善方法

【技術分野】

本発明は、湖沼などの閉鎖性水域における湖底の貧酸素対策や水草の繁茂対策、及び水質浄化など、水環境の改善の技術に関するものである。

【背景技術】

わが国の湖沼などの閉鎖性水域の水質は、湖底の貧酸素化の拡大による魚介類など水生生物の生息環境の悪化や、ヒシなど水草の大量繁茂による船の航行支障や景観悪化、及び枯れたヒシなど水草が腐敗しての悪臭発生や溶存酸素の消費など新たな課題も見られ、社会的な問題となっている。しかしながら、有効な対策がないのが現状である。

　湖沼などの閉鎖性水域の貧酸素化を解消する従来技術としては、下層部の貧酸素水塊を曝気する、又は溶存酸素を消費する腐敗性の汚泥を浚渫（除去）する、又は湖底を覆砂して底質の改善を図るなどの方法があるが、いずれの方法も莫大なエネルギーとコストがかかり、有効な対策技術になり得ていない。また、ヒシなど水草の大量繁茂の対策についても有効な技術がなく、刈り取り作業で対応しているのが現状であり、刈り取りの労力、及び刈り取り後の水草の収集・運搬・処分に莫大なコストがかかっている。

【発明の概要】

（発明が解決しようとする課題）

　本発明は上述の問題に鑑みてなされたものであり、本発明の目的は、生態系に悪影響を与えない、省エネルギー・低コストの水環境改善技術を提供し、湖沼などの閉鎖性水域における湖底の貧酸素や水草の大量繁茂、水質の悪化などの問題を解決することにある。

【課題を解決するための手段】

　湖底の貧酸素や水草の大量繁茂、水質の悪化などの問題を解決するための手段として、請求項1、2、3（P.130〜131）に記載の水環境の改善方法を用いる。

① 　請求項1に記載の水環境の改善方法は、湖沼などの閉鎖性水域において、水域に生育する沈水植物や藻類、植物プランクトンなど光合成生物の生育又は繁殖の期間に合わせ、水域に設けた水門などの排水部を開けて排水量を増やし、水域の水深を浅くすることで水域の底部への太陽光の取り込み量を増やし、水域の底部における光合成生物の活性化を促して、水域の底部における貧酸素状態を解消する。

② 　請求項2に記載の水環境の改善方法は、湖沼などの閉鎖性水域において、水域に設けた水門などの排水部を開閉して排水量を増減し、水域の周囲に干潟部を形成し、干潟部への空気中の酸素の取り込み量を調整して、干潟部における動物プランクトンや小動物、魚介類などの水生生物の活性化を促して、水生生物による水質の浄化を図る。

③ 　請求項3に記載の水環境の改善方法は、湖沼などの閉鎖性水域において、水域に生育する抽水植物、浮葉植物、沈水植物、浮遊植物などの水草の生育又は繁茂の期間に合わせ、水域に設けた水門などの排水部の開閉により排水量を増減し、水域の水深を調整し、水域に生育する特定の水草の生育、繁茂を抑制する、又は水域に生育する特定の水草を優勢的に生育、繁茂させて他の水草の大量繁茂を抑制する。

【発明の効果】

本発明は、次の作用によって、生態系に悪影響を与えることなく、省エネルギー・低コストであって、水環境の改善の効果を奏する。

① 請求項1に記載の水環境の改善方法は、湖沼などの閉鎖性水域において、水域に生育する沈水植物や藻類、植物プランクトンなど光合成生物の生育又は繁殖の期間に合わせ、水域に設けた水門などの排水部を開けて排水量を増やし、水域の水深を浅くすることで水域の底部への太陽光の取り込み量を増やし、水域の底部における光合成生物の活性化を促して、水域の底部における貧酸素状態を解消することができる。

② 請求項2に記載の水環境の改善方法は、湖沼などの閉鎖性水域において、水域に設けた水門などの排水部を開閉して排水量を増減し、水域の周囲に干潟部を形成し、干潟部への空気中の酸素の取り込み量を調整して、干潟部における動物プランクトンや小動物、魚介類などの水生生物の活性化を促して、水生生物による水質の浄化を図ることができる。

③ 請求項3に記載の水環境の改善方法は、湖沼などの閉鎖性水域において、水域に生育する抽水植物、浮葉植物、沈水植物、浮遊植物などの水草の生育又は繁茂の期間に合わせ、水域に設けた水門などの排水部の開閉により排水量を増減し、水域の水深を調整し、水域に生育する特定の水草の生育、繁茂を抑制する、又は水域に生育する特定の水草を優先的に生育、繁茂させて他の水草の大量繁茂を抑制することができる。

【図面の簡単な説明】

（図1）

請求項1、2、3に記載の水環境の改善方法の代表的な実施の形態を示す説明図（概略縦断面図）である。

【発明を実施するための形態】

次に、本発明を実施するための形態について、請求項1、2、3に記載の水環境の改善方法の好適な実施の形態を挙げ、図1に基づいて説明する。

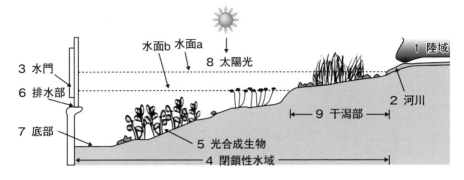

図1 湖沼など閉鎖性水域における水深調整法による
水環境の改善方法（概略縦断面図）

① 請求項1に記載する水環境の改善方法の実施の形態は、陸域1の河川2から流れ込む流入水と、水門3で堰き止められた貯留水によって形成される閉鎖性水域4において、水域4に生育する沈水植物や藻類、植物プランクトンなど光合成生物5の生育が活発になる時期に合わせ、水域4に設けた水門3の排水部6を開けて排水量を増やし、水域4の水面aを水面bまで下げて水深を浅くすることで水域4の底部7への太陽光8の取り込み量を増やし、水域4の底部7における光合成生物5の活性化を促して酸素の放出量を増加させ、水域4の底部7における貧酸素状態を解消することを特徴とする。

② 請求項2に記載する水環境の改善方法の実施の形態は、陸域1の河川2から流れ込む流入水と、水門3で堰き止められた貯留水によって形成される閉鎖性水域4において、水域4に設けた水門3の排水部6を開閉して排水量を増減し、水域4の周囲に干潟部9を形成し、干潟部9への空気中の酸素の取り込み量を調整して、干潟部9における動物プランクトンや小動物、魚介類などの水生生物の活性化を促して、水生生物による水質の浄化を図ることを特徴とする。この場合の干潟部9を形成する干満の周期は、その時期の天候、気温、湿度を考慮するが、概ね1～3日とする。

③ 請求項3に記載する水環境の改善方法の実施の形態は、陸域1の河川2から流れ込む流入水と、水門3で堰き止められた貯留水によって形成される閉鎖性

水域4において、水域4に生育する抽水植物、浮葉植物、沈水植物、浮遊植物などの水草の生育又は繁茂の期間に合わせ、水域4に設けた水門3の排水部6の開閉により排水量を増減し、水域4の水深を調整し、水域4に生育する特定の水草の生育、繁茂を抑制する、又は水域4に生育する特定の水草を優勢的に生育、繁茂させて他の水草の大量繁茂を抑制することを特徴とする。この方法を用いて浮葉植物のヒシの繁茂を抑制する場合は、ヒシの生育又は繁茂の期間、水域4におけるヒシの繁茂の抑制領域の水深を2.5m以上に上げて、ヒシがしっかり根を張り安定的に生育することができない環境を形成する。また、この方法を用いてヒシの繁茂を抑制するとともに沈水植物を優先的に生育させる場合は、ヒシの生育又は繁茂の期間以外は水面aを水面bまで下げて水深を浅くし、水域4の底部7への太陽光8の取り込み量を増やし、沈水植物の光合成の活性化を促す。

【特許請求の範囲】

（請求項1）

　湖沼などの閉鎖性水域において、前記水域に生育する沈水植物や藻類、植物プランクトンなど光合成生物の生育又は繁殖の期間に合わせ、前記水域に設けた水門などの排水部を開けて排水量を増やし、前記水域の水深を浅くすることで前記水域の底部への太陽光の取り込み量を増やし、前記水域の底部における光合成生物の活性化を促して、前記水域の底部における貧酸素状態を解消することを特徴とする水環境の改善方法。

（請求項2）

　湖沼などの閉鎖性水域において、前記水域に設けた水門などの排水部を開閉して排水量を増減し、前記水域の周囲に干潟部を形成し、前記干潟部への空気中の酸素の取り込み量を調整して、前記干潟部における動物プランクトンや小動物、魚介類などの水生生物の活性化を促して、水生生物による水質の浄化を図ることを特徴とする水環境の改善方法。

（請求項3）

　湖沼などの閉鎖性水域において、前記水域に生育する抽水植物、浮葉植物、沈

水植物、浮遊植物などの水草の生育又は繁茂の期間に合わせ、前記水域に設けた水門などの排水部の開閉により排水量を増減し、前記水域の水深を調整し、前記水域に生育する特定の水草の生育、繁茂を抑制する、又は前記水域に生育する特定の水草を優勢的に生育、繁茂させて他の水草の大量繁茂を抑制することを特徴とする水環境の改善方法。

【要約】

（課題）

　湖沼などの閉鎖性水域では、水中の貧酸素による水生生物の生息環境の悪化や、ヒシなど水草の大量繁茂による景観悪化、大量の水草が腐敗しての悪臭発生や溶存酸素の消費などの問題が発生している。本発明は、生態系に悪影響を与えない、省エネルギー・低コストの水環境の改善方法を提供し、前記の問題を解決する。

（解決手段）

　湖沼など閉鎖性水域において、特定の水生生物の生育期間や生育環境に合わせて、水門などの排水部の排水量を増減して水深を調整し、底部への太陽光の取り込み量を増やしたり、水域の周囲に干潟部を形成したり、特定の水草の大量繁茂を抑制したりするなどの水環境の改善方法。

（選択図）

　図１

あ と が き

　多くの長野県民に慕われ歌われてきた県歌「信濃の歌」の3番には、「……諏訪の湖には魚多し　民のかせぎも豊かにて　五穀の実らぬ里やある　しかのみならず桑とりて　蚕飼いの業の打ちひらけ　細きよすがも軽からぬ　国の命を繋ぐなり」とあり、諏訪地方では古くから諏訪湖を中心にして豊かな社会と独自の文化を築き上げてきたことがうかがえる。今もっても諏訪湖は、諏訪地方の生活・経済・文化の源であり、象徴である。

　私は1951年、長野県岡谷市で生まれ、間下の地（現在の山手町）で育った。坂の上にあった我が家からは常に諏訪湖と八ヶ岳が一望でき、四季折々、朝夕に刻々変化する諏訪湖を中心とする自然の営みの中でこれまで生きてきたような思いがある。子供の頃、休日には、父親や友達と朝早くから諏訪湖に出かけ、春・夏はフナ・コイ・ナマズ・エビを夢中になって（たびたび熱中症になり）釣ったこと、冬は湖面の氷に穴をあけ寒さにじっと堪えてワカサギを釣ったこと、また諏訪湖に潜ってシジミやカラス貝を採ったことが懐かしく思い出される。家に持ち帰って、フナ、コイ、ワカサギは甘露煮、ワカサギやエビは天ぷら、シジミは味噌汁にしてもらい、食べたあの味は忘れられない。また、夏のボート遊びや冬のスケート遊びも懐かしい。あの頃は、人と共生する豊かな諏訪湖の生態系があったように思う。しかしながら、高度経済成長期の1960年代頃から大量のアオコが発生するようになり、異臭味や景観悪化が社会問題化し、1980年代頃からは漁獲量も減少し「諏訪の湖には魚多し」とはいえず、人と共生する豊かな諏訪湖の生態系が崩れ始めた。私が水処理の仕事をしているというと、「諏訪湖の汚れ、どうにかならんかねえー？」との声を多く耳にするようになり、何か良い方法はないか、真剣に考えるようになった。

　私は、すばらしい里山・里湖の生態系の中で育てられた。父・母、そして健全で恵み豊かな生態系（もちろん人間を含む）に深く、深く感謝している。この恩には報いていきたい〔報恩感謝〕。また、生態系から多くの恩恵を受けながらも迷惑ばかりかけている人間の一人として、健全で恵み豊かな生態系をとりもどすた

めにできる限りのことはしたい。

☆ ☆ ☆ ☆ ☆ ☆

　以上のような背景と思いから、学者でもない私が本書『生態系に学ぶ！湖沼の浄化対策と技術』を執筆することにした。本書は、私自身が湖沼生態系について学び、それを基調にした湖沼の浄化対策と技術を紹介している。絵・図・写真などを多く取り入れ、できるだけ多くの方に理解していただけるようにこころがけた。なお、湖沼の浄化対策は、上・下流域や周辺地域の要望、利害関係などの実情によって目的・目標が異なり、一律的な対策では改善は難しいため、本書では諏訪湖など特定の湖沼の浄化対策としては取り上げてはいない。本書で取り上げた浄化対策は、湖沼などさまざまな閉鎖性水域を対象としている。

　本書が、現在直面する閉鎖性水域（湖沼、内湾、内海など）における環境問題を解決し、健全で恵み豊かな水環境の実現のための一助になれば幸いである。

　なお、本書の執筆にあたり、環境関連の既刊図書やホームページ資料などを参考・引用させていただき、末筆ながらこの場をお借りして、ご関係の皆様に厚くお礼を申し上げたい。

　　　　――健全で恵み豊かな生態系（もちろん人間を含む）に感謝して――

2015年12月　　下平　利和

自然の浄化・再生機能〔生態系〕に学ぼう！

それを基調に、自然と共生する循環型社会を構築しよう！

―地球生態系との融和を目指して―

■著者略歴

下平　利和（しもだいら　としかず）

1951年、長野県岡谷市生まれ。
1978年、環境計量士取得（登録）以来、環境分析・測
定・調査・評価・対策、及び水処理、廃棄物処理の業
務に従事。現在、NPO 環境技術サポート JAPAN 会
員、自然エネルギー信州ネット SUWA 会員。

―自然と共生する社会形成のための―
生態系に学ぶ！　湖沼の浄化対策と技術

2016年7月21日　発　行

著　者　下平　利和
発行者　木戸　ひろし
発行所　ほおずき書籍 株式会社
　　　　〒381-0012　長野県長野市柳原2133-5
　　　　TEL　（026）244-0235㈹
　　　　FAX　（026）244-0210
　　　　WEB　http://www.hoozuki.co.jp/
発売所　株式会社 星雲社
　　　　〒112-0012　東京都文京区大塚3-21-10
　　　　TEL　（03）3947-1021

©2016 Shimodaira Toshikazu　Printed in Japan　ISBN978-4-434-22219-1

乱丁・落丁本は発行所までご送付ください。送料小社負担でお取り替えします。
定価はカバーに表示してあります。
本書の、購入者による私的使用以外を目的とする複製・電子複製及び第三者による同行為を固く禁じます。